U0313479

21 世纪高职高专规划教材

公共基础课程系列

应 用 数 学

（第一册）

（修订版）

Ying yong shu xue

主 编　傅建军

副主编　宿　昱

主 审　张　丽

编 者　聂　弢　文秋丽

上海交通大学出版社

内容提要

　　本书是供三年制(五年制)高等职业院校各类专业使用的《应用数学》试用教材。本套教材共分两册出版,本书为第一册。全册共 4 章,包括复合函数、初等函数、函数的极限与连续性、函数的导数与微分、导数的应用。本套教材配有与教材同步发行的习题册,各章配有用于复习和巩固本章知识的复习题,习题册供课上和课外作业使用。本书可作为三年制(五年制)高等职业院校各类专业教材使用。

图书在版编目(CIP)数据

应用数学. 第 1 册 / 傅建军主编. — 上海 : 上海交通大学出版社,2013
21 世纪高职高专规划教材公共基础课程系列
ISBN 978-7-313-08855-0

Ⅰ. 应⋯　Ⅱ. 傅⋯　Ⅲ. 应用数学—高等职业教育—教材　Ⅳ. O29

中国版本图书馆 CIP 数据核字(2012)第 175406 号

应用数学(第一册)(修订版)

主　　编:傅建军	
出版发行:上海交通大学出版社	地　　址:上海市番禺路 951 号
邮政编码:200030	电　　话:021-64071208
出 版 人:韩建民	
印　　制:昆山市亭林印刷有限责任公司	经　　销:全国新华书店
开　　本:787mm×960mm　1/16	印　　张:9.5
字　　数:176 千字	
版　　次:2012 年 8 月第 1 版　2013 年 11 月第 2 版	印　　次:2013 年 11 月第 2 次印刷
书　　号:ISBN 978-7-313-08855-0 / O	
定　　价:24.00 元	

版权所有　侵权必究

告读者:如发现本书有印装质量问题请与印刷厂质量科联系

联系电话:0512-57751097

前　言

为适应现代化科技和经济建设发展对高素质劳动者及高、中级专门人才的需求，深化高等职业教育改革，加强数学课程建设，落实高等院校培养高素质技能型人才的需要，更好地贯彻教育部《关于全面提高高等职业教育教学质量的若干意见》文件，我们组织编写了供三年制(五年制)高等职业院校各类专业使用的《应用数学》教材.

本套教材共分两册出版，各册内容是：

第一册为第一模块(实用微分学)，全册共 4 章. 包括复合函数、初等函数、函数的极限与连续性、函数的导数与微分、导数的应用.

第二册包含第二模块(实用积分学)和第三模块(应用数学)，全册共 4 章. 包括函数的不定积分、定积分及其应用，线性规划初步，数理统计初步.

本套教材贯彻以素质教育为基础、以能力为本位的指导思想，按照"加强基础，注重能力培养，突出应用，增强弹性，适度更新，兼顾体系"的原则编写. 本套教材具有以下特点：

(1) 根据培养目标的需要和学生实际，精选在现代社会生活和各类专业学习中得到广泛应用的基础知识作为必学内容，以保证与高中知识的衔接.

(2) 教材采用模块式结构组合编排，便于各类学校根据不同专业、不同要求和学生的实际学习水平灵活选择内容，使教材具有一定的弹性和适用性，较好地体现高等职业教育的特色.

(3) 突出应用，注重应用意识和能力的培养，从实际问题抽象出数学概念，再应用相关知识解决简单的实际问题，采取分散与集中相结合的形式编排了有应用价值的例题、练习题和习题册，使应用意识和能力的培养贯穿教学的主要过程.

(4) 内容编排贯彻深入浅出的原则，重视运用数形结合方法，突出图形的直观教学，例题、练习、习题主要用于理解掌握基础知识和基本技能，使教材易教易学.

(5) 教材适度增加了小栏目、知识回顾、知识链接、数学故事等环节，使得教材生动、活泼，易于增加学生学习的灵感.

本套教材的课时分布是：第一册教材约 64 课时，第二册教材约 72 课时.

本套教材配有练习册与教材同步发行，教材中各节配有练习，供教师、学生课上练习使用，各章配有用于复习和巩固本章知识的复习题，习题册供课上或课外作业使用.

教材在编写过程中得到了教育主管部门、上海交通大学出版社有关领导的热情关心与指导,得到了其他高职院校的大力支持,在此向他们表示衷心的感谢.

由于编写时间仓促和编写水平有限,对教材中不妥之处,诚恳地希望从事职业教育的教师批评指正.

编　者

2012 年 6 月

目　录

1 初等函数

函数是微积分研究的对象,是刻画变量关系的数学模型,是为专业技能训练打下坚实基础的知识,同时也是最重要的数学概念之一. 本章将在中学数学已掌握函数知识的基础上,进一步理解函数的概念、函数的性质、复合函数、初等函数.

1-1 函 数

一、常量与变量

定义 在某个变化过程中,保持不变的量叫做常量;发生变化的量叫做变量.

【例1】 汽车以每小时 80km 的速度匀速行驶,则路程 s 与时间 t 具有以下关系 $s = 80t$.

式中,80 为常量,t 与 s 为变量.

【例2】 如果圆的半径为 R,面积为 A,则圆的面积等于 $A = \pi R^2$.

式中,π 为常量,R 与 A 为变量.

二、函数的概念

定义 若 D 是一个非空实数集合,设有一个对应法则 f,使得每一个 $x \in D$,都有一个确定的实数 y 与之对应,则称这个对应法则 f 为定义在 D 上的一个函数关系,或称变量 y 是变量 x 的函数,记作 $y = f(x)$,$x \in D$.

x 称为自变量,y 称为因变量(函数);集合 D 称为函数的定义域.

若 $x_0 \in D$,则称 $f(x)$ 在点 $x = x_0$ 处有定义.

x_0 所对应的 y 值,记作 $f(x_0)$ 或 $y|_{x=x_0}$,称为当 $x = x_0$ 时,函数 $y = f(x)$ 的函数值.

全体函数值的集合 $\{y \mid y = f(x), x \in D\}$,称为函数 $y = f(x)$ 的值域,记作 M.

注意 函数的定义域和对应法则是确定函数关系的两个要素.

在函数的定义域中,要求对于定义域中的每一个 x 值,都有唯一的 y 值与之对应,这种函数叫做单值函数,否则叫做多值函数.

例如,以原点为圆心,1 为半径的圆的方程为 $x^2 + y^2 = 1$,由这个方程所确定的函数就是多值函数.

函数相同的条件：

函数的相等主要看：定义域及其对应法则是否相同.

【**例3**】　判断下列函数是不是相同的函数.

(1) $y = x$ 与 $y = \dfrac{x^2}{x}$；　　　　(2) $y = x$ 与 $y = \sqrt{x^2}$.

解　(1) 函数 $y = x$ 的定义域是 $(-\infty, +\infty)$，函数 $y = \dfrac{x^2}{x}$ 的定义域是 $(-\infty, 0) \bigcup (0, +\infty)$. 因此，$y = x$ 与 $y = \dfrac{x^2}{x}$ 是定义域不同的两个函数，如图 1-1-1 与图 1-1-2 所示.

(2) 函数 $y = x$ 与 $y = \sqrt{x^2}$ 的定义域都是 $(-\infty, +\infty)$，但是对应法则不同. 函数 $y = x$，当 $x > 0$ 时，$y > 0$；当 $x < 0$ 时，$y < 0$. 函数 $y = \sqrt{x^2}$，当 $x > 0$ 时，$y > 0$；当 $x < 0$ 时，$y > 0$. 因此，两者是定义域相同而对应法则不同的函数，如图 1-1-3 所示.

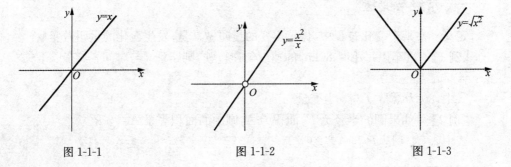

图 1-1-1　　　　　　　图 1-1-2　　　　　　　图 1-1-3

【**例4**】　(1) 已知 $f(x) = x^2$，求 $f(0)$，$f(a)$，$f(x+2)$，$f[f(x)]$.

(2) 已知 $f(x+1) = x^2 + 2x + 2$，求 $f(x)$.

解　(1) $f(0) = 0^2 = 0$

$f(a) = a^2$

$f(x+2) = (x+2)^2 = x^2 + 4x + 4$

$f[f(x)] = [f(x)]^2 = (x^2)^2 = x^4$.

(2) 换元法，令 $x + 1 = t$，则 $x = t - 1$. 代入 $f(x+1) = x^2 + 2x + 2$，得

$$f(t) = (t-1)^2 + 2(t-1) + 2$$
$$= t^2 + 1.$$

因为函数由定义域、对应法则确定，与变量用哪个字母表示无关，所以 $f(x) = x^2 + 1$.

【**例5**】　求函数的定义域：

(1) $f(x) = \dfrac{1}{\lg(3x-2)}$；

(2) $f(x) = \arcsin\dfrac{x-1}{5} + \dfrac{1}{\sqrt{25-x^2}}$.

解 (1) 给定函数的定义域要求满足:

$$\begin{cases} 3x-2>0 \\ 3x-2\neq 1 \end{cases} \quad 即 \begin{cases} x>\dfrac{2}{3} \\ x\neq 1 \end{cases}$$

因此,$f(x) = \dfrac{1}{\lg(3x-2)}$ 的定义域为 $D = \left(\dfrac{2}{3},1\right)\bigcup(1,$

$+\infty)$,如图 1-1-4 所示.

(2) 给定函数的定义域要求满足:

$$\begin{cases} \left|\dfrac{x-1}{5}\right|\leqslant 1 \\ x^2<25 \end{cases} \Rightarrow \begin{cases} |x-1|\leqslant 5 \\ |x|<5 \end{cases} \Rightarrow \begin{cases} -4\leqslant x\leqslant 6 \\ -5<x<5 \end{cases} \Rightarrow$$

$-4\leqslant x<5$.

因此,$f(x) = \arcsin\dfrac{x-1}{5} + \dfrac{1}{\sqrt{25-x^2}}$ 的定义域为 $D = [-4,5)$,如图 1-1-5

所示.

> **知识回顾:**
> A. 当函数为偶次根式,被开放式必须大于等于零;
> B. 当函数为分式,分母不等于零;
> C. 当函数为对数式,真数必须大于零.

图 1-1-4 图 1-1-5

练习 1-1

1. 下列给出的变量与变量的关系是不是函数关系?

(1) $y = \sqrt{-x}$; (2) $y = \lg(-x^2)$; (3) $y = \sqrt{-x^2-1}$;

(4) $y = \sqrt{-x^2+1}$; (5) $y = \arcsin(x^2+2)$; (6) $y^2 = x+1$.

2. 下列给出的各对函数是不是相同的函数?

(1) $y = \dfrac{x^2-1}{x-1}$ 与 $y = x+1$;

(2) $y = \lg x^2$ 与 $y = 2\lg x$;

(3) $y = \sqrt{x^2(1-x)}$ 与 $y = x\sqrt{1-x}$;

(4) $y = \sqrt[3]{x^3(1-x)}$ 与 $y = x\sqrt[3]{(1-x)}$;

(5) $y = \sqrt{x(1-x)}$ 与 $y = \sqrt{x}\sqrt{1-x}$;

(6) $y = \sqrt{x(x-1)}$ 与 $y = \sqrt{x}\,\sqrt{x-1}$.

3. 已知 $f(x) = x^2 - 3x + 2$,求:$f(0)$,$f(2)$,$f\left(\dfrac{1}{x}\right)(x \neq 0)$,$f(x+1)$.

4. 已知 $f(x) = \dfrac{x}{1-x}$,求 $f[f(x)]$,$f\{f[f(x)]\}$.

5. 确定下列函数的定义域:

(1) $y = \sqrt{9 - x^2}$;

(2) $y = \dfrac{1}{1-x^2} + \sqrt{x+2}$;

(3) $y = -\dfrac{5}{x^2 + 4}$;

(4) $y = \arcsin\dfrac{x-1}{2}$;

(5) $y = 1 - 2^{1-x^2}$;

(6) $y = \dfrac{\lg(3-x)}{\sqrt{|x|-1}}$.

1-2　分段函数

一、分段函数

首先,观察函数:$y = f(x) = \begin{cases} 2\sqrt{x} & 0 \leqslant x \leqslant 1 \\ 1+x & x > 1. \end{cases}$

它的定义域为 $D = [0, +\infty)$,当 $x \in [0,1]$ 时,对应的函数值由 $f(x) = 2\sqrt{x}$ 确定;当 $x \in (1, +\infty)$ 时,对应的函数值由 $f(x) = 1 + x$ 确定.

所以 $f\left(\dfrac{1}{2}\right) = 2\sqrt{\dfrac{1}{2}} = \sqrt{2}$;$f(1) = 2\sqrt{1} = 2$;$f(3) = 1 + 3 = 4$.

定义　在自变量的不同变化范围中,对应法则用不同式子来表示的一个函数叫做分段函数.

【例 1】　函数 $y = |x| = \begin{cases} x & x \geqslant 0 \\ -x & x < 0. \end{cases}$

它的定义域为 $D = (-\infty, +\infty)$,值域为 $C = [0, +\infty)$,如图 1-2-1 所示.

【例 2】　函数 $y = \operatorname{sgn} x = \begin{cases} 1 & x > 0 \\ 0 & x = 0 \\ -1 & x < 0. \end{cases}$

叫做符号函数,它的定义域为 $D = (-\infty, +\infty)$,值域为 $C = \{-1, 0, 1\}$,如图 1-2-2 所示.

【例 3】　设 x 为任意一实数,不超过 x 的最大整数叫做 x 的最大整数,记作 $[x]$.

例如,$\left[\dfrac{5}{6}\right]=0$,$[\sqrt{3}]=1$,$[e]=2$.

$[\pi]=3$,$[-1]=-1$,$[-3.3]=-4$,$[-\pi]=-4$.

函数 $y=[x]$ 叫做取整函数,它的定义域为 $D=(-\infty,+\infty)$,值域为 $C=Z$,如图 1-2-3 所示.

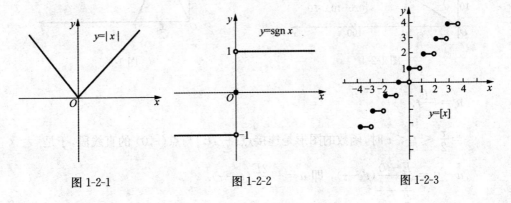

图 1-2-1   图 1-2-2   图 1-2-3

二、举例

【例 4】   火车站收取行李费的规定如下:当行李不超过 50kg 时,按基本运费计算,如从重庆到某地每公斤收 0.3 元. 当超过 50kg 时,超重部分按每公斤 0.5 元收费,试求运费 y(元)与重量 x(kg)之间的函数关系式,并且画出这个函数的图形.

解   当行李重量 $x\leqslant 50$kg 时,运费 $y=0.3x$;如果行李重量超过 50kg 时,运费

$$y=0.3\times 50+(x-50)\times 0.5$$
$$=0.5x-10$$

所以运费 y(元)与重量 x(kg)之间的函数关系是:

$$y=\begin{cases} 0.3x,0<x\leqslant 50 \\ 0.5x-10,x>50. \end{cases}$$ 函数的图形如图 1-2-4 所示.

【例 5】   脉冲发生器产生一个单三角脉冲,如图 1-2-5 所示.写出电压 U 与时间 t 的函数关系式.

解   由图形 1-2-5 看到:电压 U 随时间 t 变化的规律在各段时间 $\left(0\leqslant t<\dfrac{\tau}{2},\dfrac{\tau}{2}\leqslant t<\tau,\tau\leqslant t\right)$ 不同. 所以,这里要分三段时间进行考察.

当 $0\leqslant t<\dfrac{\tau}{2}$ 时,函数的图形是连接原点 $(0,0)$ 与点 $\left(\dfrac{\tau}{2},E\right)$ 的直线段,于是

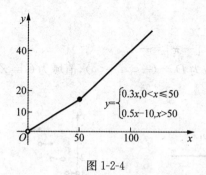

图 1-2-4

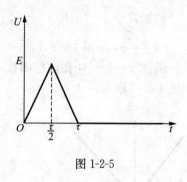

图 1-2-5

$$u = \frac{2E}{\tau}t.$$

当 $\frac{\tau}{2} \leqslant t < \tau$ 时,函数的图形是连接点 $\left(\frac{\tau}{2}, E\right)$ 与点 $(\tau, 0)$ 的直线段,于是

$$u - 0 = \frac{E - 0}{\frac{\tau}{2} - \tau}(t - \tau), \text{ 即 } u = -\frac{2E}{\tau}(t - \tau).$$

当 $t \geqslant \tau$ 时,函数的图形是横轴的一部分,因此 $u = 0$.

综上所述,得

$$u = \begin{cases} \frac{2E}{\tau}t & \text{当 } 0 \leqslant t < \frac{\tau}{2} \\ -\frac{2E}{\tau}(t - \tau) & \text{当 } \frac{\tau}{2} \leqslant t < \tau \\ 0 & \text{当 } t \geqslant \tau. \end{cases}$$

一般说来,实际问题是各种各样的,但可以遵循对事物进行具体分析的原则,分析问题中的数量关系,选定自变量与函数,并且用字母将它们表示出来;再根据问题中给出的条件,运用数学、物理、化学、专业方面的知识,确定等量关系,从而列出函数关系式.

练习 1-2

1. 作出下列函数的图像:

(1) $f(x) = \begin{cases} x - 1, 0 \leqslant x \leqslant 1 \\ 2 - x, 1 < x \leqslant 3 \end{cases}$;   (2) $f(x) = \begin{cases} 2x + 1, x \leqslant 0 \\ x^2, x > 0 \end{cases}$.

2. 设 $f(x) = \begin{cases} x^2 - 1, 0 \leqslant x < 1 \\ x + 3, x \geqslant 1. \end{cases}$

(1) 求函数的定义域;(2) 求 $f\left(\frac{1}{2}\right)$, $f(1)$, $f(2)$;(3) 作出函数的图像.

1-3　函数的性质

一、奇偶性

1. 偶函数

我们知道函数 $f(x) = x^2 (x \in \mathbf{R})$ 的图像(见图 1-3-1)关于 y 轴对称,在数值上具有以下关系:由 $f(-1) = 1, f(1) = 1$ 得 $f(-1) = f(1)$;由 $f(-2) = 4$, $f(2) = 4$ 得 $f(-2) = f(2)$; $\cdots$

一般的,对定义域中任意 a,由 $f(-a) = a^2, f(a) = a^2$,得 $f(-a) = f(a)$,即当自变量 x 取两个相反数时,对应的函数值恰好相等.

体现在函数的图像上就是:若任意点 (x, y) 在函数图像上,则这点关于 y 轴的对称点 $(-x, y)$ 也在函数的图像上.

定义　设函数 $y = f(x)$ 的定义域为 D,若 $x \in D$,总有 $-x \in D$ 且 $f(-x) = f(x)$,那么函数 $y = f(x)$ 叫做偶函数.

显然,偶函数 $y = f(x)$ 的图像关于 y 轴对称.

2. 奇函数

我们讨论函数 $f(x) = \dfrac{1}{x} [x \in (-\infty, 0) \bigcup (0, +\infty)]$ 的图像(见图 1-3-2),函数的图像关于原点对称,在数值上具有以下关系:由 $f(-1) = -1, f(1) = 1$ 得 $f(-1) = -f(1)$;由 $f(-2) = -\dfrac{1}{2}, f(2) = \dfrac{1}{2}$ 得 $f(-2) = -f(2)$; $\cdots$

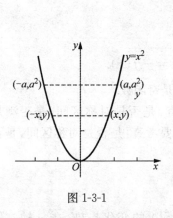

图 1-3-1

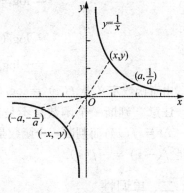

图 1-3-2

一般的,对定义域中任意 a,由 $f(-a) = -\dfrac{1}{a}, f(a) = \dfrac{1}{a}$,得 $f(-a) = -f(a)$,即当自变量 x 取两个相反数时,对应的函数值也是相反值. 体现在函数的图像上就是:若任意点(x,y)在函数图像上,则这点关于原点的对称点$(-x,-y)$也在函数的图像上.

定义　设函数$y=f(x)$的定义域为D,若$x\in D$,总有$-x\in D$,且$f(-x)=-f(x)$,那么函数$y=f(x)$叫做奇函数.

显然,奇函数$y=f(x)$的图像关于原点对称.

【例1】　下列函数中,哪些是奇函数?哪些是偶函数?

(1) $f(x)=2^{-x^2}$;(2) $f(x)=\sin^2 x,0\leqslant x\leqslant \pi$.

解　(1) 因为函数$f(x)=2^{-x^2}$的定义域为$(-\infty,+\infty)$,且$f(-x)=2^{-(-x)^2}=2^{-x^2}=f(x)$,故$f(x)=2^{-x^2}$为偶函数.

> 既不是奇函数,也不是偶函数的函数也叫做非奇非偶函数.

(2) 因为函数$f(x)=\sin^2 x$的定义域为$[0,\pi]$,所以函数的定义区间不对称于原点.所以$f(x)=\sin^2 x,0\leqslant x\leqslant \pi$既不是奇函数,也不是偶函数.

【例2】　证明$f(x)=\log_4(\sqrt{x^2+1}+x)$是奇函数.

证明　因为函数$f(x)=\log_4(\sqrt{x^2+1}+x)$的定义域为$(-\infty,+\infty)$,且

$$f(-x)=\log_4\left[\sqrt{(-x)^2+1}+(-x)\right]$$
$$=\log_4(\sqrt{x^2+1}-x)$$
$$=\log_4\frac{(\sqrt{x^2+1}-x)(\sqrt{x^2+1}+x)}{\sqrt{x^2+1}+x}$$
$$=\log_4\frac{1}{\sqrt{x^2+1}+x}$$
$$=\log_4(\sqrt{x^2+1}+x)^{-1}$$
$$=-\log_4(\sqrt{x^2+1}+x)=-f(x).$$

由奇函数定义得$f(x)=\log_4(\sqrt{x^2+1}+x)$是奇函数.

注意　判断一个函数是不是偶函数需要考查:是否是对称区间,是否满足$f(-x)=f(x)$;而判断一个函数是不是奇函数需要考查:是否是对称区间,是否满足$f(-x)=-f(x)$.

二、单调性

观察函数$f(x)=x^2$的图像(如图1-3-3所示)的变化趋势,在y轴右侧$[x\in(x,+\infty)]$图像从左到右是上升的,也就是说,随着x值增大,相应的y值也增大.这种情况反映到数值上,可以归纳出以下结论:

若 $x_1, x_2 \in (0, +\infty)$,且 $x_1 < x_2$,则 $x_1^2 < x_2^2$,即 $f(x_1) < f(x_2)$(如图 1-3-3).

在 y 轴左侧 $[x \in (-\infty, 0)]$ 图像从左到右是下降的,也就是说,随着 x 值增大,相应的 y 值反而随着减少. 这种情况反映到数值上,可以归纳出以下结论:

若 $x'_1, x'_2 \in (-\infty, 0)$,且 $x'_1 < x'_2$,则 $x'^2_1 > x'^2_2$,即 $f(x'_1) > f(x'_2)$,如图 1-3-3 所示.

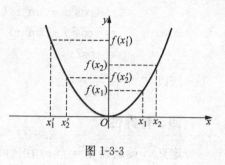

图 1-3-3

【例 3】 证明函数 $f(x) = 2x + 1$ 在定义区间内是增函数.

证明 函数 $f(x) = 2x + 1$ 的定义域是 $(-\infty, +\infty)$.

任取 $x_1, x_2 \in (-\infty, +\infty)$,且设 $x_1 < x_2$.

因为 $f(x_1) - f(x_2) = (2x_1 + 1) - (2x_2 + 1)$
$$= 2x_1 - 2x_2$$
$$= 2(x_1 - x_2) < 0$$

所以 $\qquad\qquad f(x_1) < f(x_2)$.

所以,函数 $f(x) = 2x + 1$ 在定义区间内是增函数.

三、周期性

定义 对于函数 $y = f(x)$,如果存在正的常数 T,使得 $f(x) = f(x + T)$ 恒成立,则称此函数为周期函数,满足这个等式的最小正数 T,称为函数的周期.

例如,函数 $y = \sin x$,$y = \cos x$ 都是以 2π 为周期的周期函数,函数 $y = \tan x$,$y = \cot x$ 都是以 π 为周期的周期函数.

函数 $y = A\sin(\omega x + \varphi)$,$y = A\cos(\omega x + \varphi)$ 都是以 $\dfrac{2\pi}{|\omega|}$ 为周期的周期函数,函数 $y = A\tan(\omega x + \varphi)$,$y = A\cot(\omega x + \varphi)$ 都是以 $\dfrac{\pi}{|\omega|}$ 为周期的周期函数.

【例 4】 求下列函数的周期

(1) $y = 10\sin\left(4x + \dfrac{3\pi}{7}\right)$; (2) $y = 4\tan\left(3x - \dfrac{2\pi}{5}\right)$; (3) $y = \cos^4 x - \sin^4 x$.

解 (1) 因为 $\omega = 4$,所以 $T = \dfrac{2\pi}{|\omega|} = \dfrac{\pi}{2}$;

(2) 因为 $\omega = 3$,所以 $T = \dfrac{\pi}{|\omega|} = \dfrac{\pi}{3}$;

(3) 因为 $y = \cos^4 x - \sin^4 x$

> 知识链接:
> $\cos^2 x - \sin^2 x = \cos 2x$

$$= (\cos^2 x - \sin^2 x)(\cos^2 x + \sin^2 x)$$
$$= (\cos^2 x - \sin^2 x)$$
$$= \cos 2x,$$

所以 $T = \dfrac{2\pi}{|\omega|} = \pi.$

四、有界性

定义 设函数 $y = f(x)$ 在区间 (a, b) 内有定义((a, b) 可以是函数 $y = f(x)$ 的整个定义域,也可以是定义域的一部分). 如果存在一个正数 M,对于所有的 $x \in (a, b)$,恒有 $|f(x)| \leqslant M$,则称函数 $f(x)$ 在 (a, b) 内有界. 如果不存在这样的正数 M,则称函数 $f(x)$ 在 (a, b) 内无界.

例如,函数 $y = \sin x, y = \cos x$ 在 $(-\infty, +\infty)$ 都是有界函数,因为对于任意实数 x,恒有 $|\sin x| \leqslant 1$,$|\cos x| \leqslant 1$,函数 $y = \dfrac{1}{x}$ 在 $(0, 2)$ 内无界,在 $[1, +\infty)$ 内有界.

【例5】 证明函数 $y = \dfrac{1}{1 + x^2}$ 是有界函数.

证明 因为 $y = \dfrac{1}{1 + x^2}$ 的定义域是 $(-\infty, +\infty)$,

所以 $|y| = \left|\dfrac{1}{1 + x^2}\right| = \dfrac{1}{1 + x^2}.$

因为 $1 + x^2 \geqslant 1$,

所以 $|y| = \dfrac{1}{1 + x^2} \leqslant 1.$

因此函数 $y = \dfrac{1}{1 + x^2}$ 是有界函数.

练习 1-3

1. 根据下列条件求值:

(1) 已知 $y = f(x)$ 是偶函数,且 $f(1) = 2, f(2) = -8$,求 $f(-2) + f(-1)$ 的值1;

(2) 已知 $y = f(x)$ 是奇函数,且 $f(1) = 2, f(2) = -8$,求 $f(-2) + f(-1)$ 的值1.

2. 判断下列函数的奇偶性:

(1) $f(x) = \dfrac{|x|}{x}$; (2) $f(x) = 2^x$; (3) $f(x) = x^2 \cos x$; (4) $f(x) = x + \sin x$.

3. 证明函数 $f(x) = x^3$ 是奇函数.

4. 判断下列函数的单调性:

(1) $f(x) = x+1$; (2) $f(x) = \left(\dfrac{1}{2}\right)^x$; (3) $f(x) = 1-4x^2 [x \in (0,+\infty)]$;

(4) $f(x) = \log_3 x$.

5. 证明函数 $f(x) = x^2$ 在 $(-\infty,0)$ 内是减函数.

6. 求下列函数的周期:

(1) $f(x) = \cos 5x$; (2) $f(x) = 3\sin\left(2x - \dfrac{\pi}{6}\right)$; (3) $f(x) = 1 - 2\sin^2 \dfrac{x}{4}$.

7. 判断下列函数是否有界:

(1) $f(x) = x^2, x \in (-\infty,0)$; (2) $f(x) = \sqrt{x}, x \in [0,10)$; (3) $f(x) = \dfrac{1}{1+x^4}, x \in (-\infty,+\infty)$.

1-4　反函数与复合函数

一、反函数

设某种商品销售总收益为 y,销售量为 x,已知该商品的单价为 a,对每一个给定的销售量 x,可以通过规则 $y = ax$ 确定销售总收益 y,这种由销售量确定销售总收益的关系称为销售总收益是销售量的函数. 反过来,对每一个给定的销售总收益 y,则可以由规则 $x = \dfrac{y}{a}$ 确定销售量 x,这种由销售总收益确定销售量的关系称为销售量是销售总收益的函数. 我们称函数 $x = \dfrac{y}{a}$ 是前一函数 $y = ax$ 的反函数,或者说它们互为反函数.

定义　设 $y = f(x)$ 是定义在 D 上的函数,它的值域是 M. 如果对于每一个 $y \in M$,都有一个确定的 $x \in D$ 与之对应,其对应法则记作 f^{-1},这个定义在 M 上的函数 $x = f^{-1}(y)$ 称为 $y = f(x)$ 的反函数,或称它们互为反函数.

函数 $y = f(x)$, x 为自变量, y 为因变量,定义域为 D,值域为 M.

函数 $x = f^{-1}(y)$, y 为自变量, x 为因变量,定义域为 M,值域为 D.

习惯上用 x 表示自变量,用 y 表示因变量. 因此我们将 $x = f^{-1}(y)$ 改写成以 x 为自变量, y 为因变量的函数关系 $y = f^{-1}(x)$,这时我们说 $y = f^{-1}(x)$ 是 $y = f(x)$ 的反函数.

　　注意　$y = f(x)$ 与 $y = f^{-1}(x)$ 的图形是关于直线 $y = x$ 对称的(见图 1-4-1).

　　【例1】　求函数 $y = 3x - 1$ 的反函数.

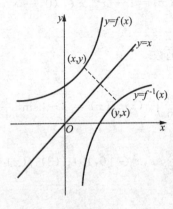

图 1-4-1

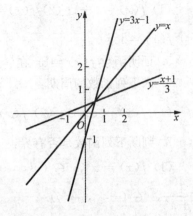

图 1-4-2

　　解　由 $y = f(x) = 3x - 1$ 可以求出 $x = f^{-1}(y) = \dfrac{y+1}{3}$ 将上式中的 x 换成 y,y 换成 x,因此得到函数 $y = 3x - 1$ 的反函数是 $y = f^{-1}(x) = \dfrac{x+1}{3}$,如图 1-4-2 所示.

> 求反函数的一般步骤:
> a. $y = f(x)$ 反解出 $x(x = f^{-1}(y))$;
> b. x 换成 y,y 换成 $x(y = f^{-1}(x))$;
> c. $y = f^{-1}(x)$ 为 $y = f(x)$ 的反函数.

　　【例2】　求 $y = \begin{cases} x - 1 & x < 0 \\ x^2 & x \geqslant 0 \end{cases}$ 的反函数.

　　解　当 $x < 0$ 时,由 $y = x - 1$,得到 $x = y + 1 (y < -1)$,即当 $x < 0$ 时,$f(x)$ 的反函数是 $x = f^{-1}(y) = y + 1 (y < -1)$.

　　当 $x \geqslant 0$ 时,由 $y = x^2$,得到 $x = \pm\sqrt{y}$,因为 $x \geqslant 0$,所以 $x = \sqrt{y}(y \geqslant 0)$,即当 $x \geqslant 0$ 时,$f(x)$ 的反函数是 $x = f^{-1}(y) = \sqrt{y}(y \geqslant 0)$.

　　将 x 换成 y,y 换成 x,即可得出 $y = \begin{cases} x - 1 & x < 0 \\ x^2 & x \geqslant 0 \end{cases}$ 的反函数为

$$y = f^{-1}(x) = \begin{cases} x + 1 & x < -1 \\ \sqrt{x} & x \geqslant 0. \end{cases} \quad (见图 1-4-3)$$

　　注意　一个函数如果有反函数,它必定是一一对应的函数关系.

　　例如,在 $(-\infty, +\infty)$ 内,$y = x^2$ 不是一一对应的函数关系,所以它没有反函数;而在 $(0, +\infty)$ 内,$y = x^2$ 有反函数 $y = \sqrt{x}$;在 $(-\infty, 0)$ 内,$y = x^2$ 有反函数 $y = -\sqrt{x}$.

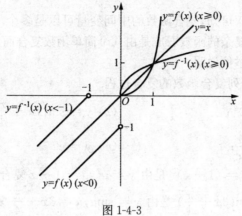

图 1-4-3

二、复合函数

在许多问题中,常常遇到由几个较简单的函数组合而成的较复杂的函数.

例如,$y = \mathrm{e}^u$,而 $u = -x^2$. 将 $u = -x^2$ 代替 $y = \mathrm{e}^u$ 中的 u,得到 $y = \mathrm{e}^{-x^2}$,它可以看成由 $y = \mathrm{e}^u$ 和 $u = -x^2$ 复合而成的函数.

定义 设 y 是变量 u 的函数 $y = f(u)$,而 u 又是变量 x 的函数 $u = \varphi(x)$,且 $\varphi(x)$ 的函数值的全部或部分使 $f(u)$ 有定义,那么 y 通过 u 的联系而成为 x 的函数,叫做由 $y = f(u)$ 和 $u = \varphi(x)$ 复合而成的函数,简称复合函数,记作 $y = f[\varphi(x)]$.

其中,u 叫做中间变量.

【**例3**】 将下列各小题中的 y 表示成 x 的函数,并且求出函数的定义域.

(1) $y = \sqrt{u}, u = 1 - x$; (2) $y = \ln u, u = 1 + x$;

(3) $y = \mathrm{e}^u, u = \dfrac{1}{x}$; (4) $y = u^2, u = \sin v, v = \dfrac{x}{2}$.

解 (1) 由 $y = \sqrt{u}, u = 1 - x$,得复合函数 $y = \sqrt{1-x}$;由 $1 - x \geqslant 0$,得到 $x \leqslant 1$. 所以函数的定义域是 $(-\infty, 1]$.

(2) 由 $y = \ln u, u = 1 + x$,得复合函数 $y = \ln(1+x)$;由 $1 + x > 0$,得到 $x > -1$. 所以函数的定义域是 $(-1, +\infty)$.

(3) 由 $y = \mathrm{e}^u, u = \dfrac{1}{x}$,得复合函数 $y = \mathrm{e}^{\frac{1}{x}}$;由 $x \neq 0$,所以函数的定义域是 $(-\infty, 0) \bigcup (0, +\infty)$.

(4) 由 $y = u^2, u = \sin v, v = \dfrac{x}{2}$,得复合函数 $y = \sin^2 \dfrac{x}{2}$,函数的定义域

是$(-\infty,+\infty)$.

由例 3(1) ～ (4) 可知,复合函数的中间变量可以是多个. 利用复合函数的概念,可以将一个比较复杂的函数看成是由几个简单函数复合而成的,这样更便于对函数进行研究,下面举例说明.

【例 4】　说明下列复合函数的复合过程.

(1) $y=(1+x)^2$;　　　　　　　　　(2) $y=\sin\left(3x+\dfrac{\pi}{4}\right)$;

(3) $y=\lg\dfrac{1-x}{1+x}$;　　　　　　　　(4) $y=\mathrm{e}^{\sin\frac{1}{x}}$.

解　(1) 函数 $y=(1+x)^2$ 是由 $y=u^2,u=1+x$ 复合而成;

(2) 函数 $y=\sin(3x+\dfrac{\pi}{4})$ 是由 $y=\sin u,u=3x+\dfrac{\pi}{4}$ 复合而成;

(3) 函数 $y=\lg\dfrac{1-x}{1+x}$ 是由 $y=\lg u,u=\dfrac{1-x}{1+x}$ 复合而成;

(4) 函数 $y=\mathrm{e}^{\sin\frac{1}{x}}$ 是由 $y=\mathrm{e}^u,u=\sin v,v=\dfrac{1}{x}$ 复合而成.

练习 1-4

1. 求出下列函数的反函数及其反函数的定义域.

(1) $y=3x+2$;　　　　(2) $y=\sqrt[3]{x+1}$;　　　　(3) $y=\dfrac{1-x}{1+x}(x\neq 1)$.

2. 求出函数 $y=\sqrt{1-x^2}$ 满足下列条件下的反函数及其反函数的定义域.

(1) $-1\leqslant x\leqslant 0$;　　　　(2) $0\leqslant x\leqslant 1$.

3. 把下列各题中的 y 表示为 x 的函数,并且指明函数的定义域.

(1) $y=u^2,u=\sin x$;　　　　(2) $y=\sqrt{u},u=1+2v,v=\ln x$;

(3) $y=\arcsin u,u=\sqrt{v},v=1+x$.

4. 分解下列复合函数.

(1) $y=\cos\sqrt{x}$;　　　　　　　(2) $y=\sqrt[3]{(1+2x)^2}$;　　　　(3) $y=\log_3\sin x$;

(4) $y=\arcsin\left(\dfrac{x}{2}+\dfrac{1}{3}\right)$;　　(5) $y=\tan^2 x$;　　　　　　(6) $y=\mathrm{e}^{3x-1}$.

1-5　初等函数

一、基本初等函数的概念

定义　幂函数、指数函数、对数函数、三角函数及反三角函数统称为基本初等函数.

1. 幂函数

定义　形如 $y = x^{\alpha}, \alpha \in \mathbf{R}$ 的函数叫做幂函数.

幂函数的定义域是随 α 的变化而变化,但是无论 α 为何值,x^{α} 在 $(0, +\infty)$ 内总有定义,而且图像都经过 $(1,1)$ 点.

例如,$y = x^{2}$,$y = x^{\frac{2}{3}}$ 等,定义域为 $(-\infty, +\infty)$,图形关于 y 轴对称,如图 1-5-1 所示.

例如,$y = x^{3}$,$y = x^{\frac{1}{3}}$ 等,定义域为 $(-\infty, +\infty)$,图形关于原点对称,如图 1-5-2 所示.

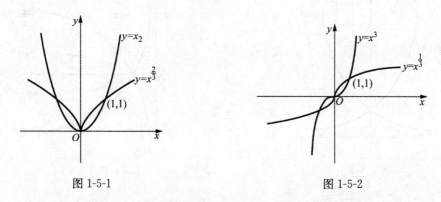

图 1-5-1　　　　　　　　　　　　图 1-5-2

例如,$y = x^{-1}$ 等,定义域为 $(-\infty, 0) \bigcup (0, +\infty)$,图形关于原点对称,如图 1-5-3 所示.

例如,$y = x^{\frac{1}{2}}$ 等,定义域为 $[0, +\infty)$,如图 1-5-4 所示.

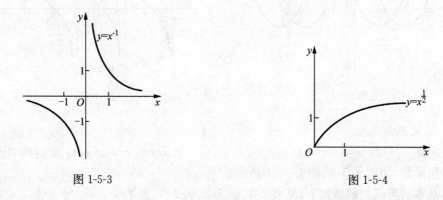

图 1-5-3　　　　　　　　　　　　图 1-5-4

2. 指数函数

定义　形如 $y = a^x (a > 0, a \neq 1)$ 的函数叫做指数函数,如图 1-5-5 所示.

3. 对数函数

定义　形如 $y = \log_a x (a > 0, a \neq 1)$ 的函数叫做对数函数,如图 1-5-6 所示.

4. 三角函数

定义　形如 $y = \sin x, y = \cos x, y = \tan x, y = \cot x, y = \sec x, y = \csc x$ 的函数叫做三角函数. 如图 1-5-7、图 1-5-8 所示:

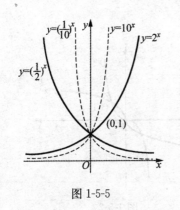

图 1-5-5

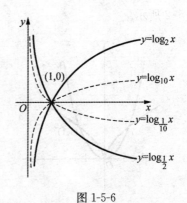

图 1-5-6

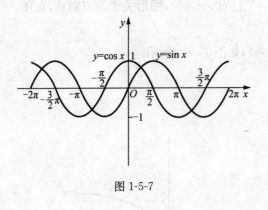

图 1-5-7

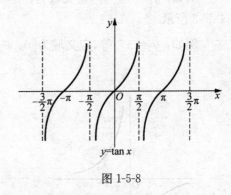

图 1-5-8

5. 反三角函数

定义　形如 $y = \arcsin x, y = \arccos x, y = \arctan x, y = \operatorname{arccot} x$ 的函数叫做反三角函数. 如图 1-5-9、图 1-5-10 所示:

基本初等函数归纳如下(见表 1-1、表 1-2、表 1-3、表 1-4):

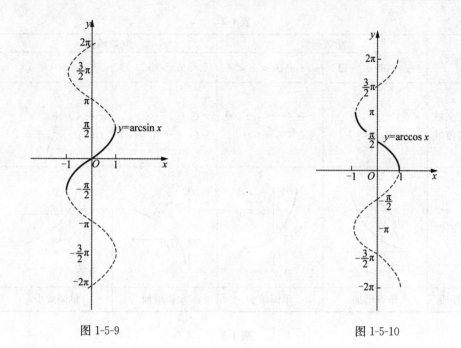

图 1-5-9 图 1-5-10

表 1-1

函数	幂函数 $y = x^a$				
	$y = x$	$y = x^2$	$y = x^3$	$y = x^{-1}$	$y = x^{\frac{1}{2}}$
定义域与值域	$x \in (-\infty, +\infty)$ $y \in (-\infty, +\infty)$	$x \in (-\infty, +\infty)$ $y \in [0, +\infty)$	$x \in (-\infty, +\infty)$ $y \in (-\infty, +\infty)$	$x \in (-\infty, 0) \bigcup (0, +\infty)$ $y \in (-\infty, 0) \bigcup (0, +\infty)$	$x \in (0, +\infty)$ $y \in (0, +\infty)$
图像					
性质	奇函数 单调增加	偶函数 在$(-\infty, 0)$内单调减少 在$(0, +\infty)$内单调增加	奇函数 单调增加	奇函数 在$(-\infty, 0)$内单调减少 在$(0, +\infty)$内单调减少	单调增加

表 1-2

函数	指数函数		对数函数	
	$y=a^x(a>1)$	$y=a^x(0<a<1)$	$y=\log_a x(a>1)$	$y=\log_a x(0<a<1)$
定义域与值域	$x\in(-\infty,+\infty)$ $y\in(0,+\infty)$	$x\in(-\infty,+\infty)$ $y\in(0,+\infty)$	$x\in(0,+\infty)$ $y\in(-\infty,+\infty)$	$x\in(0,+\infty)$ $y\in(-\infty,+\infty)$
图像				
性质	单调增加	单调减少	单调增加	单调减少

表 1-3

函数	三角函数			
	$y=\sin x$	$y=\cos x$	$y=\tan x$	$y=\cot x$
定义域与值域	$x\in(-\infty,+\infty)$ $y\in[-1,1]$	$x\in(-\infty,+\infty)$ $y\in[-1,1]$	$x\neq k\pi+\dfrac{\pi}{2}(k\in Z)$ $y\in(-\infty,+\infty)$	$x\neq k\pi(k\in Z)$ $y\in(-\infty,+\infty)$
图像				
性质	奇函数,周期 2π,有界,在 $\left(2k\pi-\dfrac{\pi}{2},2k\pi+\dfrac{\pi}{2}\right)$ 内单调增加;在 $\left(2k\pi+\dfrac{\pi}{2},2k\pi+\dfrac{3\pi}{2}\right)$ 内单调减少	偶函数,周期 2π,有界, 在 $(2k\pi,2k\pi+\pi)$ 内单调减少;在 $(2k\pi+\pi,2k\pi+2\pi)$ 内单调增加	奇函数,周期 π,在 $\left(k\pi-\dfrac{\pi}{2},k\pi+\dfrac{\pi}{2}\right)$ 内单调增加	奇函数,周期 π,在 $(k\pi,k\pi+\pi)$ 内单调减少

表 1-4

函数	反三角函数			
	$y = \arcsin x$	$y = \arccos x$	$y = \arctan x$	$y = \text{arccot} x$
定义域与值域	$x \in [-1,1]$ $y \in \left[-\dfrac{\pi}{2}, \dfrac{\pi}{2}\right]$	$x \in [-1,1]$ $y \in [0,\pi]$	$x \in (-\infty, +\infty)$ $y \in \left(-\dfrac{\pi}{2}, \dfrac{\pi}{2}\right)$	$x \in (-\infty, +\infty)$ $y \in (0,\pi)$
图像				
性质	奇函数,单调增加,有界	单调减少,有界	奇函数,单调增加,有界	单调减少,有界

二、初等函数

定义 由基本初等函数和常数经过有限次四则运算和有限次复合步骤所构成的函数叫初等函数.

例如,$y = |x-1| = \sqrt{(x-1)^2}$、$y = 2^x \sin x$、$y = \arccos \dfrac{1}{x}$、$y = \dfrac{1}{2}(\mathrm{e}^x + \mathrm{e}^{-x})$、

$y = x\ln(1+x^2)$、$y = \dfrac{1}{\sqrt{2\pi}} \mathrm{e}^{-\frac{x^2}{2}}$ 等都是初等函数.

本教材所讨论的函数,多数是初等函数.

【例 1】 求函数的定义域:

(1) $y = \lg(x^2 + 3x - 4)$;　　　(2) $y = \sqrt{3-x} + \arccos \dfrac{2-x}{3}$.

解 (1) 要使函数有意义,必须满足 $x^2 + 3x - 4 > 0$,即 $x > 1$ 或 $x < -4$.
所以函数的定义域为 $(-\infty, -4) \bigcup (1, +\infty)$.

(2) 要使函数有意义,必须满足 $\begin{cases} 3 - x \geqslant 0 \\ -1 \leqslant \dfrac{2-x}{3} \leqslant 1 \end{cases}$,即 $\begin{cases} x \leqslant 3 \\ -1 \leqslant x \leqslant 5 \end{cases}$,即

$-1 \leqslant x \leqslant 3$. 所以函数的定义域为 $[-1,3]$.

三、建立函数关系举例

【例2】 将直径为 d 的圆木料锯成截面为矩形的木材(如图1-5-11所示),试列出矩形截面两条边之间的函数关系.

解 设矩形截面的一条边为 x,另一条边为 y. 由勾股定理得

$x^2 + y^2 = d^2$,解出 y 得 $y = \pm\sqrt{d^2 - x^2}$.

由于 y 只能取正值,所以 $y = \sqrt{d^2 - x^2}$.

这就是矩形截面的两条边长之间的函数关系,它的定义域为 $(0, d)$.

【例3】 一种曲柄连杆机构(如图1-5-12所示),当主动轮转动时,连杆 AB 带动滑块 B 作往复直线运动,设主动轮半径为 r,转动角速度 ω 为常数,连杆长度为 l,求滑块 B 的运动方程(时间单位:s,长度单位:m).

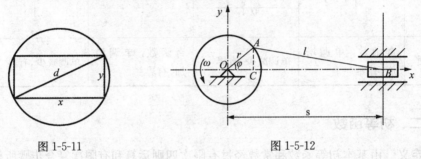

图 1-5-11   图 1-5-12

解 如图1-5-12所示,以主动轮的圆心 O 为原点,建立直角坐标系. 设在运动开始后,经过时间 t,滑块 B 离点 O 的距离为 s. 求滑块 B 的运动方程就是建立 s 和 t 之间的函数关系.

假设主动轮开始旋转($t = 0$)时,A 点正好在 OB 连线上,经过时间 t 后,主动轮转动了 $\varphi(rad)$,则 $\varphi = \omega t$.

由于 $s = OC + CB$,而 $OC = r\cos\varphi = r\cos\omega t$.

$CB = \sqrt{AB^2 - CA^2} = \sqrt{l^2 - r^2\sin^2\omega t}, t \in [0, +\infty)$

所以 $s = r\cos\omega t + \sqrt{l^2 - r^2\sin^2\omega t}, t \in [0, +\infty)$.

这就是滑块 B 的运动方程.

【例4】 北京市出租汽车计费方法是:白天(早5:00～晚22:59)起步价10元(3km以内),超出(含)3～15km以内的公里数每公里按2元计费;超出(含)15km以外的公里数(每公里加收50%空驶费)按3元计费. 夜间(晚23:00～早4:59)起步价11元(3km以内)其他计费方式同上,但是每公里另加收20%的夜间费用(不含起步价11元).(1)试建立白天乘客应付的费用 y(单位:元)与乘坐路程 x(单位:

km) 的函数关系;(2) 一位乘客乘白天坐了 13km 应付费用;(3) 乘客白天付出 50 元,应该行走的路程.

解 设白天乘客应付的费用 y(单位:元),乘坐路程 x(单位:km).

(1) $y = f(x) = \begin{cases} 10, & 0 < x \leqslant 3, \\ 10 + 2(x - 3), & 3 < x < 15, \\ 34 + 3(x - 15), & x \geqslant 15. \end{cases}$

(2) 在分段函数中,令 $x = 13$,用 $y = 10 + 2(x - 3)$ 计算得 $y = 30$ 元. 即白天行驶 13km 需要出租车费用 30 元.

(3) 在分段函数中,令 $y = 50$(单位:元),用 $y = 34 + 3(x - 15)$ 计算得 $x = 20.33$km. 即白天出租车花费 50 元,出租车行走了 20.33km.

练习 1-5

1. 确定下列函数的定义域:

(1) $y = \sqrt{2 + x - x^2}$; (2) $y = \sqrt{x} + \sqrt[3]{\dfrac{1}{x - 2}}$;

(3) $y = \lg \dfrac{1}{1 - x} + \sqrt{x + 2}$; (4) $y = \arcsin \dfrac{x + 1}{2}$.

2. 有一个边长为 a 的正方形铁片,从它的四个角截去边长相等的小方块,然后折起各边做成一个无盖的小盒子. 求它的容积与截去的小方块的边长之间的函数关系,并且指明定义域.

3. 设直角三角形的斜边 $c = 5$,试表示其他两边 y 与 x 的函数关系,并且作出此函数的图像.

4. 某批发商店在批售某种商品中规定:起批量为 100 箱;批量在 500 箱以内按每箱 120 元计价;达到或超过 500 箱但是不满 1000 箱按每箱 100 元计价;批量达到或超过 1000 箱按每箱 80 元计价,试建立批量与付款金额之间的函数关系.

知识回顾(一)

一、本章主要内容

(1) 函数的概念.

(2) 分段函数.

(3) 函数的四大性质.

(4) 复合函数的概念.

(5) 基本初等函数.

(6) 初等函数.

二、本章学习要求

(1) 理解函数的概念,会判断两个函数是否相等;能够熟练地求出在指定点的函数值,能够求出函数的定义域.

(2) 了解分段函数的定义,会画出简单分段函数的图像;可以求出分段函数在指定点的函数值,能够求出分段函数的定义域.

(3) 掌握单调性、奇偶性的概念,能够用定义判断简单函数的单调性、奇偶性;了解函数的周期性、有界性,能够求出简单函数的周期及判断函数是否有界.

(4) 掌握复合函数的概念,给出简单的复合函数,能够求出中间变量,熟练函数的复合过程.

(5) 了解基本初等函数:幂函数、指数函数、对数函数、三角函数、反三角函数的定义域、值域、图像、性质. 理解初等函数的概念.

复习题一

A 组

一、填空题

1. 设 $y = \sqrt{u}, u = \sin x$,则 y 是 x 的复合函数 $y = $ _____.

2. 函数 $y = (3x - 4)^5$ 可以分解成 $y = $ _____ 和 $u = $ _____ .

3. 已知函数 $f(x) = x^2 - 3x + 2$,则 $f(2) = $ _____ ,$f(a+1) = $ _____ .

4. 基本初等函数的五大类分别是 _____ 、_____ 、_____ 、

_____ 和 _____ .

5. 基本初等函数与常数经过经过 _____ 四则运算和 _____ 复合步骤所构成的函数叫初等函数.

二、选择题

1. 下列表示同一函数的是( )

A. $f(x) = x, \varphi(x) = \sqrt{x^2}$ B. $f(x) = \lg x^2, \varphi(x) = 2\lg x$

C. $f(x) = x, \varphi(x) = \dfrac{x^2}{x}$ D. $f(x) = x, \varphi(x) = \sqrt[3]{x^3}$

2. 下列函数在定义域内不是单调函数的是( )

A. $y = 2x - 1$ B. $y = 2^x$ C. $y = \log_{\frac{1}{2}} x$ D. $y = x^2$

3. 下列函数在定义区间上是无界函数的是( )

A. $y = \sin x, x \in \mathbf{R}$ B. $y = \cos x, x \in \mathbf{R}$

C. $y = x^3, x \in \mathbf{R}$ D. $y = x^2, x \in [-2, 1)$

4. 下列函数不是周期函数的是( )

A. $y = \sin x$ B. $y = x\sin x$ C. $y = \cos x$ D. $y = \tan x$

5. 下列函数是偶函数的是( )

A. $y = \sin x$ B. $y = x\sin x$

C. $y = x\cos x$ D. $y = x + x^2$

三、是非题

1. 当两个函数的定义域相同,对应法则也相同时,称两个函数相同.( )

2. 函数 $y = \ln u, u = -(x^2 + 1)$ 可以建立复合函数.( )

3. 幂函数 $y = x^\alpha$ 的定义域随 α 的改变而改变,在 $(0, +\infty)$ 内 $y = x^\alpha$ 恒有意义.( )

4. 函数的定义域就是函数的定义区间.( )

5. 分段函数一般也是初等函数.( )

四、解答题

1. 求出函数 $f(x) = \lg \dfrac{1}{1-x} + \sqrt{x+2}$ 的定义域.

2. 已知分段函数 $f(x) = \begin{cases} 2^x & -1 < x < 0 \\ 2 & 0 \leqslant x < 1 \\ x - 1 & 1 \leqslant x \leqslant 3. \end{cases}$ 试求出:(1) 函数的定义域;

(2) $f(3),f(0),f(-0.5)$.

3. 求出下列函数的反函数：

(1) $y=-2x+1$; (2) $y=\dfrac{2x+1}{x-2}$.

4. 假设函数定义在$(-a,a)$内,证明：两个偶函数的和仍为偶函数.

5. 用铁皮做一个容积为 V 的圆柱形罐头筒,试将它的全面积表示成底半径的函数,并且确定此函数的定义域.

B 组

一、填空题

1. 设 $y=e^u,u=-\dfrac{1}{x^2}$,则 y 是 x 的复合函数 $y=$ _____ .

2. 函数 $y=\cos^2 3x$ 可以分解成 $y=$ _____ 和 $u=$ _____ 和 $v=$ _____ .

3. 已知函数 $f(x)=\dfrac{x}{1-x}$, 则 $f[f(x)]=$ _____ ,$f\{f[(fx)]\}=$ _____ .

4. 符号函数 $y=\operatorname{sgn}x=\begin{cases}1 & x>0\\0 & x=0\\-1 & x<0\end{cases}$ 是 _____ （分段函数、初等函数、复合函数).

5. 函数的表示方法有 _____ 、_____ 和 _____ .

二、选择题

1. 表示同一函数的是( ).

A. $f(x)=\sin x,\varphi(x)=\dfrac{x\sin x}{x}$ B. $f(x)=\lg x^{\frac{2}{3}},\varphi(x)=\dfrac{2}{3}\lg x$

C. $f(x)=x(x>0),\varphi(x)=a^{\log_a x}$ D. $f(x)=x,\varphi(x)=|x|$

2. 下列函数在定义域内不是单调函数的是( ).

A. $y=|2x-1|$ B. $y=2^x$

C. $y=\log_{\frac{1}{2}}x$ D. $y=x^2,x\in(0,+\infty)$

3. 下列函数在定义区间上是无界函数的是( ).

A. $y=\arcsin x,x\in[-1,1]$ B. $y=\sqrt{x},x\in\mathbf{R}^+$

C. $y=x^3,x\in(-2,10)$ D. $y=x^2,x\in[-2,1)$

4. 下列函数不是周期函数的是(　　).

A. $y = 5\sin\left(3x - \dfrac{\pi}{2}\right)$　　　　　　　　B. $y = 2\cos\left(3x + \dfrac{\pi}{6}\right)$

C. $y = 10\tan\left(2x - \dfrac{\pi}{4}\right)$　　　　　　　D. $y = \tan x, x \in \left(-\dfrac{\pi}{2}, \dfrac{\pi}{2}\right)$

5. 下列函数是偶函数的是(　　).

A. $y = x + \sin x$　　　　　　　　　　　B. $y = x^2 \sin x$

C. $y = x^2 \cos x$　　　　　　　　　　　D. $y = x - x^2$

三、是非题

1. 函数 $y^2 = x + \sin x$ 是一个多值函数.(　　)

2. 分段函数指的是每一段表示一个函数.(　　)

3. 既不是奇函数又不是偶函数的函数叫做非奇非偶函数.(　　)

4. 设 $y = f(x)$ 是定义在 D 上的函数,它的值域是 M. 函数 $x = f^{-1}(y)$ 是 $y = f(x)$ 的反函数,则 $x = f^{-1}(y)$ 的定义域是 D,值域是 M.(　　)

5. $y = A(A$ 为常数$)$ 是一个函数.(　　)

四、解答题

1. 设函数 $y = f(x)$ 的定义域为 $[0,1]$,求 $y = f(x^2)$ 的定义域.

2. 设函数 $y = f(x) = \begin{cases} x & 0 < x < 1, \\ 2 & x = 1, \\ 2 - x & 1 < x \leqslant 2. \end{cases}$　试求出:(1) 函数的定义域;

(2) $f\left(\dfrac{1}{2}\right), f(1), f(1.5)$;(3) 作出函数的图形.

3. 验证:函数 $f(x) = \dfrac{ax - b}{cx - a}$ 的反函数就是它本身.

4. 验证:函数 $f(x) = \lg x + x$ 在区间 $(0, +\infty)$ 内是单调增加的.

5. 拟建一个容积为 V 的长方体水池,设它的底为正方形,如果池底单位面积的造价是四周单位面积造价的 2 倍,试将总造价表示成底边长的函数,并且确定此函数的定义域.

阅读材料(一)

故事城堡——函数定义的由来

从 17 世纪笛卡尔在数学中引进变量算起,函数概念的形成,可以说耗费了近 300 年的历史,而且几经危机艰难曲折,最后形成了函数的近代定义.

函数(function)这一名词,是微积分的奠基人之一——Leibniz(莱布尼兹, 1646~1716,德国数学家)在 1692 年首先采用的. 原来莱布尼兹的学生 Bernoulli (约翰. 伯努利,1667~1748 瑞士数学家)在 1718 年给出了函数的明确定义:"变量的函数是由这些变量与常量所组成的一个解析式."而到了 18 世纪中叶,著名数学家 Euler(欧拉,1707~1783,瑞士数学家)则把函数定义为:函数是随意画的一条曲线(1748). 现在知道,这乃是函数概念的解析表达式和图像表达法,就是说,历史上,曾把"现象"当作"本质",不过它也说明:"现象"已进入"本质"的向导,事实上,尽管 Bernoulli 和 Euler 的函数定义都具有片面性,但对于以后函数概念的发展产生了巨大影响.

Euler 于 1775 年在《微分学》一书中还给出了函数的另一种定义:"如果某些变量,以这样一种方式依赖于另一些变量,即当后面这些变量变化时,前面这些变量也随之变化,则将前面的变量称为后面变量的函数."这个定义朴素地反映了函数中的辩证因素,在特定条件下,体现了"自变"到"因变"的生动过程. 但这个定义没有提到两个变量之间的对应关系,因此没有反映出科学的函数概念的特征. 另外,现在我们广泛采用的函数符号 $y = f(x)$,也是 Euler 1734 年首先引用的. 在 1834 年,伟大的俄国数学家罗巴契夫斯基(1793~1856,非欧几何创始人)进一步提出函数的下述定义:" x 的函数是这样一个数:它对于每一个 x 都有确定的值,并随着 x 一起变化. 函数值可以由解析给出,也可以由一个条件给出,这个条件提供了一种寻求全部对应值的方法,函数的这种依赖关系可以存在,但仍然是未知的." 这个定义指出了对应关系(条件)的必要性,利用这个关系,可以求出每一个 x 的对应值. 后来法国数学家狄利克雷认为如何去建立 x 与 y 之间的关系是无关紧要的,他对函数的定义是:"如果对于 x 的每一个值,y 总有完全确定的值与之对应,则 y 是 x 的函数." 这个定义抓住了函数概念的本质属性:变量 y 与 x 构成函数关系,只需有一个法则存在,使得这个函数定义域中的每一个值,都有一个确定的 y 值与它对应就行了,不管这个法则是公式或图像或表格或其他形式. 这个定义比前面的定义更具有普遍性,和现在通常给出的函数定义可以说已经很接近了.

在我国,函数一词是清朝数学家李善兰最先使用的. 他在《代数学》的译本 (1859)中,把"function"译成"函数","凡式中有天,为天之函数". 我国古代以天、地、人、物表示未知数（例如 x、y、z），所以这个函数的定义相当于：若一式中含有 x，则称为关于 x 的函数."函"和"含"在我国古代可以通用，所以"函"有着包含的意思，这大概就是李善兰将"函数"一词翻译 function 的原因吧.

2　极限与连续

在第一章中,我们讨论了变量与变量之间的函数关系,学习了函数的性质、复合函数、初等函数等相关内容.在这一章中,我们将进一步研究函数的自变量在按某种方式的变化过程中,因变量随之而变的变化趋势,从而引出极限的概念,极限概念不仅是微积分的基石,而且也是理论研究的基础.

在本章我们将先介绍数列的极限,然后学习函数的极限,在此基础上讨论函数的一种重要形态——函数的连续性.

2-1　数列的极限

关于数列极限,先举一个我国古代有关数列的例子.

古代哲学家庄周所著的《庄子·天下篇》引用过一句话:"一尺之棰,日取其半,万世不竭",其含义是:一根长为一尺的木棒,每天截下一半,这样的过程可以无限制地进行下去.

把每天截下部分的长度列出如下(单位为尺):第 1 天截下 $\frac{1}{2}$,第 2 天截下 $\frac{1}{2}$ ·$\frac{1}{2}=\frac{1}{2^2}$,第 3 天截下 $\frac{1}{2} \cdot \frac{1}{2^2}=\frac{1}{2^3}$,…,第 n 天截下 $\frac{1}{2} \cdot \frac{1}{2^{n-1}}=\frac{1}{2^n}$,…,这样就得到一个数列

$$\left\{\frac{1}{2^n}\right\}: \frac{1}{2}, \frac{1}{2^2}, \frac{1}{2^3}, \cdots, \frac{1}{2^n}, \cdots$$

不难看出,数列 $\left\{\frac{1}{2^n}\right\}$ 随着 n 的无限增大,项 $\frac{1}{2^n}$ 无限地接近于 0.

又如数列 $\frac{1}{2}, \frac{2}{3}, \frac{3}{4}, \cdots, \frac{n}{n+1}, \cdots$,随着 n 的无限增大,项 $\frac{n}{n+1}$ 无限地接近于 1.

定义　一般地说,对于数列 $\{a_n\}$,若当项数 n 无限增大时,数列的项 a_n 无限地趋近于某一个确定的常数 A,则称此数列存在极限,常数 A 为它的极限.

记作 $\lim\limits_{n \to \infty} a_n = A$,或 $a_n \to A(n \to \infty)$.

读作"当 n 趋于无穷大时,a_n 的极限等于 A 或 a_n 趋于 A".

前面例子中出现的数列,其极限可以表示为$\lim\limits_{n\to\infty}\dfrac{1}{2^n}=0$,$\lim\limits_{n\to\infty}\dfrac{n}{n+1}=1$.

若数列$\{a_n\}$存在极限,也称数列$\{a_n\}$为收敛数列.

若数列$\{a_n\}$没有极限,则称$\{a_n\}$不收敛,或称$\{a_n\}$为发散数列.

【例1】 写出数列$a_n=\dfrac{1}{n^2}$的前5项,观察变化趋势,确定其极限.

> **知识回顾:**
> 已知数列的通项公式求数列中具体项时,需将项数n带入具体数值进行计算即可.

解 $a_1=\dfrac{1}{1^2}=1$;$a_2=\dfrac{1}{2^2}=\dfrac{1}{4}$;$a_3=\dfrac{1}{3^2}=\dfrac{1}{9}$;$a_4=\dfrac{1}{4^2}=\dfrac{1}{16}$;$a_5=\dfrac{1}{5^2}=\dfrac{1}{25}$

可以看出,当$n\to\infty$时$a_n\to0$

所以 $\lim\limits_{n\to\infty}\dfrac{1}{n^2}=0$

【例2】 写出数列$a_n=n^2$的前5项,观察变化趋势,确定其是否存在极限.

解 $a_1=1$;$a_2=4$;$a_3=9$;$a_4=16$;$a_5=25$

可以看出,若当项数n无限增大时,数列的项a_n并没有趋近于某一个确定的常数A,而是无限增大,所以数列$a_n=n^2$的极限不存在,它是一个发散数列.

总结 判断一个数列有无极限,应该分析随着项数的无限增大,数列中相应的项是否无限趋近于某个确定的常数,如果这样的数存在,那么这个数就是数列的极限,否则,数列的极限就不存在.

练习 2-1

1. 写出下列各数列的前5项:

(1) $a_n=\dfrac{4n+1}{2-3n}$;

(2) $a_n=\dfrac{1-(-1)^n}{n^3}$;

(3) $a_n=\left(1+\dfrac{n}{n+1}\right)^n$;

(4) $a_n=(-1)^n\dfrac{n}{n+1}$.

2. 判断下列数列的极限是否存在,若存在极限则确定相应的极限值.

(1) $a_n=a^0(a\neq0)$;

(2) $a_n=1-3^n$;

(3) $a_n=\dfrac{2n-1}{4n+3}$;

(4) $a_n=(-1)^nn$.

2-2 函数的极限

前面,我们研究了数列极限的相关内容,因为一个以正整数为定义域的函数

$y=f(n)$,当自变量 n 按正整数 $1,2,3,\cdots,n,\cdots$ 增大的顺序依次取值时,所得到的有序函数值 $f(1),f(2),f(3),\cdots,f(n),\cdots$ 为数列,因此,数列的极限也可以看作是函数极限的特殊情形,本节将数列极限的概念推广到函数,来研究函数极限的问题.

对于函数 $y=f(x)$,自变量 x 的变化趋势有两种基本情况:

(1) 自变量 x 的绝对值 $|x|$ 无限增大,记作 $x\to\infty$;

(2) 自变量 x 无限趋近于某个常数 x_0,记作 $x\to x_0$.

下面对这两种情况进行讨论.

一、$x\to\infty$ 时,函数 $y=f(x)$ 的极限

自变量 x 的绝对值 $|x|$ 无限增大 $(x\to\infty)$,包括以下两种情况:

(1) x 取正值无限增大,记作 $x\to+\infty$;

(2) x 取负值而绝对值无限增大,记作 $x\to-\infty$.

若 x 不指定正负,只是 $|x|$ 无限增大,则写成 $x\to\infty$.

先看下面的例子,考察函数 $y=\dfrac{1}{x}$,当 $x\to\infty$ 时的变化趋势,将 x 的值与对应的 y 的值列成表格并作出函数的图像.

x 取正值无限增大,如表 2-1 所示.

表 2-1

x	1	5	10	100	1 000	10 000	$\cdots$
$y=\dfrac{1}{x}$	1	0.2	0.1	0.01	0.001	0.000 1	$\cdots$

x 取负值且绝对值无限增大,如表 2-2 所示.

表 2-2

x	-1	-5	-10	-100	$-1 000$	$-10 000$	$\cdots$
$y=\dfrac{1}{x}$	-1	-0.2	-0.1	-0.01	-0.001	$-0.000 1$	$\cdots$

作出函数的图像,如图 2-2-1 所示.

观察表中数据和函数图像的变化趋势,可以看出,当 x 取正值无限增大时 $(x\to+\infty)$,函数 $y=\dfrac{1}{x}$ 的值无限趋近于 0;当 x 取负值且绝对值无限增大时 $(x\to-\infty)$,函数 $y=\dfrac{1}{x}$ 的值也无限趋近于 0.

综合上述情景,当 x 趋向无穷大时,函数 $y=\dfrac{1}{x}$ 无限趋近于常数 0.

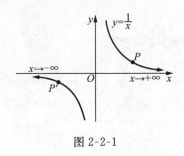

图 2-2-1

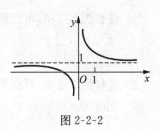

图 2-2-2

对于函数的这种变化趋势,我们给出下面的定义:

定义 如果当 $|x|$ 无限增大,即 $x \to \infty$ 时,函数 $f(x)$ 无限地趋近于一个确定的常数 A,那么就称 $f(x)$ 当 $x \to \infty$ 时存在极限 A,数 A 为当 $x \to \infty$ 时函数 $f(x)$ 的极限.

记作 $\lim\limits_{x \to \infty} f(x) = A$ 或 $f(x) \to A (x \to \infty)$.

根据定义可知,当 $x \to \infty$ 时,函数 $y = \dfrac{1}{x}$ 的极限是 0,即

$$\lim_{x \to \infty} \frac{1}{x} = 0.$$

在某些问题中,只需考察 $x \to +\infty$ 或 $x \to -\infty$ 时的函数极限.

定义 如果当 $x \to +\infty$ 时,函数 $f(x)$ 无限地趋近于一个确定的常数 A,那么就称 $f(x)$ 当 $x \to +\infty$ 时存在极限 A,数 A 为当 $x \to +\infty$ 时函数 $f(x)$ 的极限.

记作 $\lim\limits_{x \to +\infty} f(x) = A$ 或 $f(x) \to A (x \to +\infty)$.

如果当 $x \to -\infty$ 时,函数 $f(x)$ 无限地趋近于一个确定的常数 A,那么就称 $f(x)$ 当 $x \to -\infty$ 时存在极限 A,数 A 为当 $x \to -\infty$ 时函数 $f(x)$ 的极限.

记作 $\lim\limits_{x \to -\infty} f(x) = A$ 或 $f(x) \to A (x \to -\infty)$.

【**例 1**】 讨论函数 $y = \dfrac{1}{x} + 1$ 当 $x \to +\infty$ 和 $x \to -\infty$ 时的变化趋势.

解 作出函数 $y = \dfrac{1}{x} + 1$ 的图像,如图 2-2-2 所示.

观察图像,可以看出,当 $x \to +\infty$ 和 $x \to -\infty$ 时,$y = \dfrac{1}{x} + 1 \to 1$,

因此当 $x \to \infty$ 时,$y = \dfrac{1}{x} + 1 \to 1$.

【**例 2**】 观察函数 $y = \left(\dfrac{1}{3}\right)^x$ 和 $y = 3^x$ 的图像,写出下列极限:

(1) $\lim\limits_{x \to +\infty} \left(\dfrac{1}{3}\right)^x$;   (2) $\lim\limits_{x \to -\infty} 3^x$.

解　分别作出已知函数的图像：

(1) 观察图 2-2-3,可以看出,当 $x \to +\infty$ 时,$y = \left(\dfrac{1}{3}\right)^x \to 0$

即　$\lim\limits_{x \to +\infty} \left(\dfrac{1}{3}\right)^x = 0$；

(2) 观察图 2-2-4,可以看出,当 $x \to -\infty$ 时,$y = 3^x \to 0$

即　$\lim\limits_{x \to -\infty} 3^x = 0$.

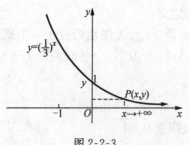

图 2-2-3

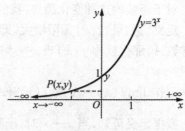

图 2-2-4

【**例 3**】　根据函数的图像(见图 2-2-5、图 2-2-6)讨论函数当 $x \to \infty$ 时的极限：

(1) $y = 1 + \dfrac{1}{x^2}$；　　　(2) $y = 2^x$.

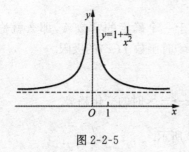

图 2-2-5

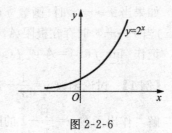

图 2-2-6

解　(1) 观察函数图像图 2-2-5,当 $x \to +\infty$ 和 $x \to -\infty$ 时,$y = 1 + \dfrac{1}{x^2} \to 1$,

因此当 $x \to \infty$ 时,$y = 1 + \dfrac{1}{x^2} \to 1$,

即　$\lim\limits_{x \to \infty} \left(1 + \dfrac{1}{x^2}\right) = 1$.

(2) 观察函数图像图 2-2-6,当 $x \to +\infty$ 时,$y = 2^x \to +\infty$；

当 $x \to -\infty$ 时，$y = 2^x \to 0$.

因此，当 $|x|$ 无限增大时，函数 $y = 2^x$ 不可能无限地趋近某一个常数，

即 $\lim\limits_{x \to \infty} 2^x$ 不存在.

【例4】 讨论分段函数 $f(x) = \begin{cases} 1, & x > 0 \\ 0, & x = 0 \\ -1, & x < 0 \end{cases}$，当 $x \to +\infty$ 和 $x \to -\infty$ 时函数的

极限.

解 函数的图像如图 2-2-7 所示，由图像可以看出

$$\lim_{x \to +\infty} f(x) = 1 \qquad \lim_{x \to -\infty} f(x) = -1$$

显然，当 $x \to +\infty$ 和 $x \to -\infty$ 时，$f(x)$ 的极限各自存在，但不相等，即

$$\lim_{x \to +\infty} f(x) \neq \lim_{x \to -\infty} f(x)$$

一般的，如果 $\lim\limits_{x \to +\infty} f(x) = \lim\limits_{x \to -\infty} f(x) = A$ 则 $\lim\limits_{x \to \infty} f(x) = A$；反之，如果 $\lim\limits_{x \to \infty} f(x) = A$，则 $\lim\limits_{x \to +\infty} f(x) = \lim\limits_{x \to -\infty} f(x) = A$. 如果 $\lim\limits_{x \to +\infty} f(x)$ 与 $\lim\limits_{x \to -\infty} f(x)$ 中至少有一个不存在，或者 $\lim\limits_{x \to +\infty} f(x)$ 与 $\lim\limits_{x \to -\infty} f(x)$ 都存在，但是不相等，那么 $\lim\limits_{x \to \infty} f(x)$ 就不存在.

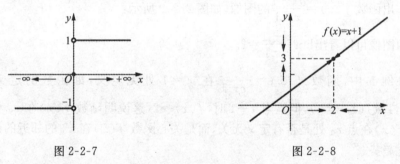

图 2-2-7   图 2-2-8

二、当 $x \to x_0$ 时函数 $f(x)$ 的极限

考察函数 $f(x) = x + 1$ 当 $x \to 2$ 时变化趋势.

列表（见表 2-3）并作出函数图像（见图 2-2-8）.

表 2-3

x	$\cdots$	1	1.6	1.9	1.99	1.999	$\cdots$
$y = x + 1$	$\cdots$	2	2.6	2.9	2.99	2.999	$\cdots$

x	$\cdots$	3	2.6	2.1	2.011	2.001	$\cdots$
$y = x + 1$	$\cdots$	4	3.6	3.1	3.01	3.001	$\cdots$

由表和图像可以看出,当 x 无限趋近于 2 时,函数 $f(x)=x+1$ 的值总是随着自变量 x 的变化从两个不同的方向越来越接近于 3,所以当 $x \to 2$ 时 $f(x)=x+1 \to 3$.

对于函数的这种变化趋势,我们给出下面的定义:

定义　如果当 x 无限趋近于 x_0 时,函数 $f(x)$ 无限地趋近于一个确定的常数 A,那么就称当 $x \to x_0$ 时 $f(x)$ 存在极限 A;数 A 就称为当 $x \to x_0$ 时,函数 $f(x)$ 的极限.

记作　　$\lim\limits_{x \to x_0} f(x) = A$.

根据定义可知,当 $x \to 2$ 时,$f(x)=x+1$ 的极限记为 $\lim\limits_{x \to 2}(x+1)=3$.

【**例 5**】　写出当 $x \to 1$ 时,函数 $f(x)=\dfrac{x^2-1}{x-1}$ 的极限.

解　函数 $f(x)$ 在 $x=1$ 处没有定义,当 $x \to 1$ 时,$x \neq 1$,$x-1 \neq 0$,因此分式的分子和分母可以约去公因式 $x-1$,得

$$f(x)=\frac{x^2-1}{x-1}=\frac{(x+1)(x-1)}{x-1}=x+1 \, (x \neq 1).$$

作出函数 $f(x)=\dfrac{x^2-1}{x-1}$ 的图像,如图 2-2-9 所示:

由图像可以看出 $\lim\limits_{x \to 1} \dfrac{x^2-1}{x-1} = 2$.

在例 5 中,函数 $f(x)=\dfrac{x^2-1}{x-1}$ 在 $x=1$ 处无定义,即函数的定义域为 $(-\infty,1) \bigcup (1,+\infty)$,但是当 $x \to 1$ 时,$f(x) \to 2$,这说明函数 $f(x)$ 在 x_0 处的极限与 $f(x)$ 在点 x_0 处是否有定义无关,而是关心函数 $f(x)$ 在 x_0 的邻近的函数值的变化趋势.

【**例 6**】　写出当 $x \to x_0$ 时,函数 $f(x)=3$ 的极限.

解　当 $x \to x_0$ 时,函数 $f(x)$ 的值都等于 3,因此有

$$\lim\limits_{x \to x_0} 3 = 3,$$

如图 2-2-10 所示.

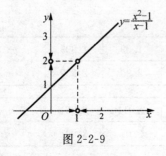

图 2-2-9

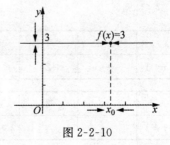

图 2-2-10

一般的,设 C 为常数,则
$$\lim_{x \to x_0} C = C.$$

【例 7】 写出当 $x \to x_0$ 时,函数 $f(x) = x$ 的极限.

解 当 $x \to x_0$ 时,显然有函数 $f(x) = x \to x_0$,所以
$$\lim_{x \to x_0} x = x_0.$$

【例 8】 写出当 $x \to \dfrac{\pi}{2}$ 时,函数 $f(x) = \sin x$ 的极限.

解 观察函数 $f(x) = \sin x$ 的图像(见图 2-2-11),可以看出,
$$\lim_{x \to \frac{\pi}{2}} \sin x = 1$$

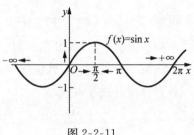

从图中还可以观察当 $x \to \infty$ 时,函数 $f(x) = \sin x$ 是否有极限?当 $x \to \infty$ 时,函数 $f(x) = \sin x$ 取得 -1 到 1 的一切值,但是不能无限地趋近于一个确定的常数. 因此,当 $x \to \infty$ 时,函数 $f(x) = \sin x$ 的极限不存在.

图 2-2-11

三、当 $x \to x_0$ 时函数 $f(x)$ 的左极限和右极限

在函数极限定义中,$x \to x_0$ 的含义是 x 可以从 x_0 的左侧($x < x_0$)无限趋近 x_0,也可以从 x_0 的右侧($x > x_0$)无限趋近 x_0,还可以从 x_0 的两侧交错地无限趋近 x_0,即可以以任意方式无限趋近于 x_0 时,都有 $f(x) \to A$. 在某些问题中,常需要研究自变量 x 从 x_0 的一侧无限趋近于 x_0 时函数的极限.

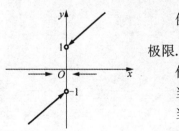

例如,考察函数 $f(x) = \begin{cases} x+1, & x \geqslant 0 \\ x-1, & x < 0 \end{cases}$,当 $x \to 0$ 时的极限.

作函数图像(见图 2-2-12),由图像可以看出:

当 $x < 0$ 且 $x \to 0$ 时,$f(x) = x - 1 \to -1$;

当 $x > 0$ 且 $x \to 0$ 时,$f(x) = x + 1 \to 1$.

由于 x 从 0 的两侧无限趋近于 0 时,$f(x)$ 的极限值

图 2-2-12

不相等,根据函数极限定义,当 $x \to 0$ 时,函数 $f(x)$ 没有极限. 但是,如果 x 只在 0 的某一侧无限趋近于 0 时,函数 $f(x)$ 就会无限趋近于确定的常数. 对于函数的这种变化趋势,我们给出下面的定义:

定义 如果当 x 从 x_0 的左侧($x < x_0$)无限趋近 x_0(记为 $x \to x_0^-$)时,函数 $f(x)$ 无限地趋近于一个确定的常数 A,那么数 A 就叫做函数 $f(x)$ 在点 x_0 处的

左极限.

记作　$\lim\limits_{x\to x_0^-}f(x)=A$ 或 $f(x)\to A(x\to x_0^-)$.

如果当 x 从 x_0 的右侧($x>x_0$)无限趋近 x_0(记为 $x\to x_0^+$)时,函数 $f(x)$ 无限地趋近于一个确定的常数 A,那么数 A 就叫做函数 $f(x)$ 在点 x_0 处的右极限.

记作　$\lim\limits_{x\to x_0^+}f(x)=A$ 或 $f(x)\to A(x\to x_0^+)$.

根据定义可知,函数 $f(x)=\begin{cases}x+1,x\geqslant 0,\\x-1,x<0,\end{cases}$ 在点 $x=0$ 处的左极限为 $\lim\limits_{x\to 0^-}f(x)=\lim\limits_{x\to 0^-}(x-1)=-1$,右极限为 $\lim\limits_{x\to 0^+}f(x)=\lim\limits_{x\to 0^+}(x+1)=1$.

根据函数在点 x_0 处的极限、左极限和右极限的定义可以看出:

函数 $f(x)$ 在点 x_0 处极限存在的充要条件是 $f(x)$ 在点 x_0 处的左极限和右极限各自存在并且相等,即

$$\lim\limits_{x\to x_0}f(x)=A\Leftrightarrow\lim\limits_{x\to x_0^-}f(x)=\lim\limits_{x\to x_0^+}f(x)=A.$$

【例9】　已知函数 $f(x)=\begin{cases}x-1,x<0,\\x^3,x\geqslant 0,\end{cases}$ 讨论当 $x\to 0$ 时的极限.

解　因为 $\lim\limits_{x\to 0^-}f(x)=\lim\limits_{x\to 0^-}(x-1)=-1$,

　　　　$\lim\limits_{x\to 0^+}f(x)=\lim\limits_{x\to 0^+}x^3=0$,

　　　　$\lim\limits_{x\to 0^-}f(x)\neq\lim\limits_{x\to 0^+}f(x)$.

所以当 $x\to 0$ 时,$f(x)$ 的极限不存在.

【例10】　已知 $f(x)=\begin{cases}x,x\geqslant 2,\\2,x<2,\end{cases}$ 求 $\lim\limits_{x\to 2}f(x)$.

解　因为 $\lim\limits_{x\to 2^+}f(x)=\lim\limits_{x\to 2^+}x=2$,

　　　　$\lim\limits_{x\to 2^-}f(x)=\lim\limits_{x\to 2^-}2=2$,

即　　$\lim\limits_{x\to 2^+}f(x)=\lim\limits_{x\to 2^-}f(x)=2$,

所以　$\lim\limits_{x\to 2}f(x)=2$.

练习 2-2

1. 分析变化趋势,写出下列函数的极限

(1) $\lim\limits_{x\to -\infty}2^x$;　　　　(2) $\lim\limits_{x\to +\infty}\dfrac{1}{x^3}$;　　　　(3) $\lim\limits_{x\to\infty}\dfrac{1}{1+x}$.

2. 下列函数当 $x\to\infty$ 时极限不存在,试说明理由.

(1) $\lim\limits_{x\to\infty}(x+1)$；　　　　(2) $\lim\limits_{x\to\infty}e^x$；　　　　(3) $\lim\limits_{n\to\infty}\sin\dfrac{n\pi}{2}$.

3. 讨论分段函数 $f(x)=\begin{cases}\dfrac{1}{\sqrt{1+x}}, & x>0 \\ 0, & x=0 \\ 3^x, & x<0\end{cases}$ ，当 $x\to+\infty$ 和 $x\to-\infty$ 时函数的

极限.

4. 写出下面函数的极限:

(1) $\lim\limits_{x\to\frac{1}{2}}\dfrac{x}{3}$；　　　　(2) $\lim\limits_{x\to-1}(2x-1)$；　　　　(3) $\lim\limits_{x\to\frac{\pi}{4}}\cos x$；

(4) $\lim\limits_{x\to3}(2x-5)$；　　　(5) $\lim\limits_{x\to\sqrt{2}}\dfrac{x^2-2}{x-\sqrt{2}}$；　　　(6) $\lim\limits_{x\to\infty}\dfrac{1+x}{x}$.

5. 写出下列各图中表示的函数在 $x=0$ 点处的左、右极限,说明在点当 $x=0$
点时处的极限是否存在?

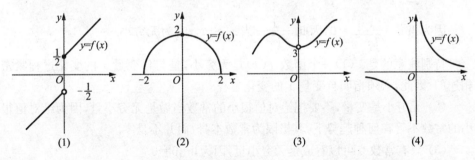

第 5 题图

6. 作下列函数图像,写出函数在指定点出的左、右极限,判断函数在该点处的
极限是否存在?

(1) $f(x)=\begin{cases}3, x\geqslant0, \\ -3, x<0,\end{cases}$ 在 $x=0$ 处;

(2) $f(x)=\dfrac{x^2-9}{x-3}$ 在 $x=3$ 处.

2-3　无穷大量与无穷小量

一、无穷小量

在实际问题中,经常会遇到以零为极限的函数. 例如,教室里转动的吊扇,关上

开关后,会随着时间的增加而逐步减少并趋于零;又如,单摆离开平衡位置摆动时,由于空气阻力和摩擦力的作用时间的增加而逐渐减少并趋近于零.

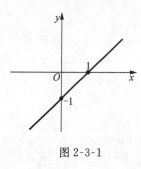

图 2-3-1

考察函数 $f(x)=x-1$,由图 2-3-1 可知,当 x 从左右两个方向无限趋近于 1 时,$f(x)$ 都无限的趋向于 0. 对于这样的函数,我们给出下面的定义:

定义　如果当 $x\to x_0$(或 $x\to\infty$)时,函数 $f(x)$ 的极限为零,那么则称函数 $f(x)$ 为当 $x\to x_0$(或 $x\to\infty$)时的无穷小量,简称无穷小.

根据定义,前面引例中吊扇的转速 $\omega(t)$,单摆的振幅 $A(t)$ 都是当 $t\to\infty$ 时的无穷小. 又如:

因为 $\lim\limits_{x\to1}(x-1)=0$,因此 $x-1$ 是当 $x\to1$ 时的无穷小;

因为 $\lim\limits_{x\to\infty}\dfrac{1}{x}=0$,因此 $\dfrac{1}{x}$ 是当 $x\to\infty$ 时的无穷小;

因为 $\lim\limits_{x\to-\infty}\dfrac{1}{\sqrt{1-x}}=0$,因此 $\dfrac{1}{\sqrt{1-x}}$ 当 $x\to-\infty$ 时为无穷小.

特别注意的是:(1)一个函数 $f(x)$ 是无穷小,是与自变量 x 的变化过程紧密相连的,因此,必须指明自变量 x 的变化过程.

(2) 无穷小是变量,不要把绝对值很小的常数当做是无穷小量,因为绝对值很小的常数不管在何种趋势下,其极限为常数本身,而并不是零.

(3) 只有常数 0 可以看成是无穷小量,因为 $\lim\limits_{x\to x_0}0=0$.

无穷小有如下性质:

(1) 有限个无穷小的代数和仍是无穷小.

(2) 有界函数与无穷小的乘积是无穷小.

(3) 常数和无穷小的乘积是无穷小.

(4) 有限个无穷小的乘积是无穷小.

【例1】　求 $\lim\limits_{x\to0}x\cos\dfrac{1}{x^2}$

解　因为 $\lim\limits_{x\to0}x=0$ 且 $\left|\cos\dfrac{1}{x^2}\right|\leqslant1$,即有界,

所以 $\lim\limits_{x\to0}x\cos\dfrac{1}{x^2}=0$.

【例2】　求 $\lim\limits_{x\to\infty}\dfrac{\sin x}{x}$

解 因为 $\dfrac{\sin x}{x}=\dfrac{1}{x}\cdot\sin x$，而 $\dfrac{1}{x}$ 是当 $x\to\infty$ 时的无穷小，$\sin x$ 是有界函数，

所以 $\lim\limits_{x\to\infty}\dfrac{\sin x}{x}=0$.

二、无穷大量

考察函数 $f(x)=\dfrac{1}{x-1}$，由图 2-3-2 可知，当 x 从左右两个方向趋近于 1 时，$|f(x)|$ 都无限地增大，我们把这种情况称为趋向无穷大.

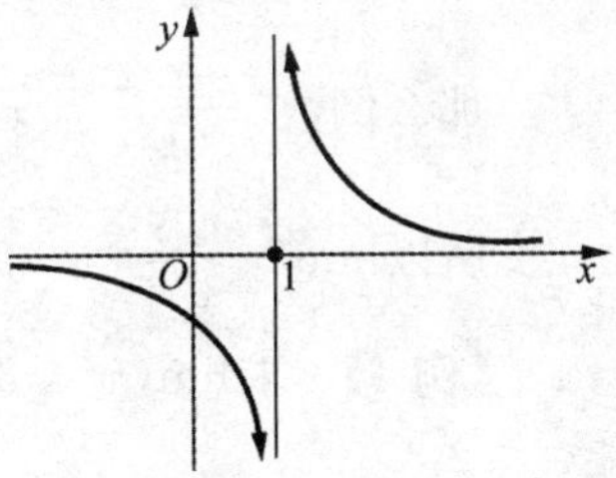

定义 如果当 $x\to x_0$（或 $x\to\infty$）时，函数 $f(x)$ 的绝对值 $|f(x)|$ 可以无限地增大，那么则称函数 $f(x)$ 为当 $x\to x_0$（或 $x\to\infty$）时的无穷大量，简称无穷大.

如果函数 $f(x)$ 为当 $x\to x_0$（或 $x\to\infty$）时的无穷大，那么它的极限是不存在的，但是为了便于描述函数的这种变化趋势，我们就说函数的极限为无穷大，并记作

图 2-3-2

$$\lim_{x\to x_0}f(x)=\infty.\ \left[\lim_{x\to\infty}f(x)=\infty\right].$$

如果在无穷大的定义中，对于 x_0 左右近旁的 x，对应的函数值都是正的或都是负的，也即当 $x\to x_0$ 时，$f(x)$ 无限增大或减小，就分别记作 $\lim\limits_{x\to x_0}f(x)=+\infty$ 或 $\lim\limits_{x\to x_0}f(x)=-\infty$.

例如：因为 $\lim\limits_{x\to 1}\dfrac{1}{x-1}=\infty$，因此 $\dfrac{1}{x-1}$ 是当 $x\to 1$ 时的无穷大；

因为 $\lim\limits_{x\to\frac{\pi}{2}}\tan x=\infty$，因此 $\tan x$ 是当 $x\to\dfrac{\pi}{2}$ 时的无穷大；

因为 $\lim\limits_{x\to+\infty}2^{x}=+\infty$，因此 2^{x} 是当 $x\to+\infty$ 时的无穷大；

因为 $\lim\limits_{x\to 0^{+}}\ln x=-\infty$，因此 $\ln x$ 是当 $x\to 0^{+}$ 时的无穷大.

注意 无穷大不是很大的数，它是描述函数的一种状态. 这个函数的绝对值在自变量的某个变化过程中的变化趋势是无限增大；而绝对值很大的数无论在自变量何种变化过程里，其极限都为常数，并不会无限地增大或减小.

三、无穷小量与无穷大量的关系

无穷小与无穷大有如下关系：

在自变量的同一变化过程中，如果 $f(x)$ 为无穷大，则 $\dfrac{1}{f(x)}$ 为无穷小；反之，如

果 $f(x)$ 为无穷小,且 $f(x)\neq 0$,则 $\dfrac{1}{f(x)}$ 为无穷大.

说明:据此定理,关于无穷大的问题都可转化为无穷小来讨论.

【例 3】 求 $\lim\limits_{x\to 1}\dfrac{x+4}{x-1}$

解 因为 $\lim\limits_{x\to 1}\dfrac{x-1}{x+4}=0$,即 $\dfrac{x-1}{x+4}$ 是当 $x\to 1$ 时的无穷小,

那么倒数 $\dfrac{x+4}{x-1}$ 是当 $x\to 1$ 时的无穷大,

所以 $\lim\limits_{x\to 1}\dfrac{x+4}{x-1}=\infty$.

【例 4】 求 $\lim\limits_{x\to\infty}(x^2-3x+2)$

解 因为 $\lim\limits_{x\to\infty}\dfrac{1}{x^2-3x+2}=\lim\limits_{x\to\infty}\dfrac{\dfrac{1}{x^2}}{1-\dfrac{3}{x}+\dfrac{2}{x^2}}=0$,

所以 $\lim\limits_{x\to\infty}(x^2-3x+2)=\infty$.

练习 2-3

1. 指出在下列条件下,哪些函数是无穷小,哪些函数是无穷大?

(1) $x\to\pi,y=\sin x$;

(2) $x\to 2,y=x^2-3x+2$;

(3) $x\to+\infty,y=4^x$;

(4) $x\to-1,y=\dfrac{1}{x+1}$.

2. 计算下列极限:

(1) $\lim\limits_{x\to 0}x\sin x$;

(2) $\lim\limits_{x\to\infty}\dfrac{\cos x}{x}$;

(3) $\lim\limits_{x\to-2}\dfrac{x+1}{x+2}$;

(4) $\lim\limits_{x\to\infty}(x^2+x+1)$.

2-4 极限的运算法则

一、极限的四则运算法则

定理 如果 $\lim\limits_{x\to x_0}f(x)=A$,$\lim\limits_{x\to x_0}g(x)=B$,则有

(1) $\lim\limits_{x\to x_0}[f(x)+g(x)]=\lim\limits_{x\to x_0}f(x)+\lim\limits_{x\to x_0}g(x)=A+B$;

(2) $\lim\limits_{x \to x_0}[f(x)-g(x)]=\lim\limits_{x \to x_0}f(x)-\lim\limits_{x \to x_0}g(x)=A-B;$

(3) $\lim\limits_{x \to x_0}[f(x) \cdot g(x)]=\lim\limits_{x \to x_0}f(x) \cdot \lim\limits_{x \to x_0}g(x)=A \cdot B;$

(4) $\lim\limits_{x \to x_0}\dfrac{f(x)}{g(x)}=\dfrac{\lim\limits_{x \to x_0}f(x)}{\lim\limits_{x \to x_0}g(x)}=\dfrac{A}{B},(B \neq 0).$

推论 1 $\lim\limits_{x \to x_0}c \cdot f(x)=c\lim\limits_{x \to x_0}f(x)=cA(c$ 为常数$)$

推论 2 $\lim\limits_{x \to x_0}[f(x)]^n=[\lim\limits_{x \to x_0}f(x)]^n=A^n,n \in \mathbf{N}^*$

上述运算法则对于 $x \to \infty$ 等其他变化过程同样成立.

极限的运算法则可以用来求函数的极限,下面举例说明.

【例 1】 求$\lim\limits_{x \to 2}(x^2+2x-3)$

解 $\begin{aligned}\lim\limits_{x \to 2}(x^2+2x-3)&=\lim\limits_{x \to 2}x^2+\lim\limits_{x \to 2}2x-\lim\limits_{x \to 2}3\\&=[\lim\limits_{x \to 2}x]^2+2(\lim\limits_{x \to 2}x)-3\\&=2^2+2 \times 2-3\\&=5\end{aligned}$

【例 2】 求$\lim\limits_{x \to 1}\dfrac{x^2-2x+5}{x^2+6}$

解 当时,分子和分母都有极限,并且分母极限不为 0,因此有

$$\begin{aligned}\lim\limits_{x \to 1}\dfrac{x^2-2x+5}{x^2+6}&=\dfrac{\lim\limits_{x \to 1}(x^2-2x+5)}{\lim\limits_{x \to 1}(x^2+6)}\\&=\dfrac{\lim\limits_{x \to 1}x^2-\lim\limits_{x \to 1}2x+\lim\limits_{x \to 1}5}{\lim\limits_{x \to 1}x^2+\lim\limits_{x \to 1}6}\\&=\dfrac{1-2+5}{1+6}=\dfrac{4}{7}\end{aligned}$$

【例 3】 求$\lim\limits_{x \to \infty}\left[\left(2+\dfrac{1}{x}\right)\left(3-\dfrac{1}{x^2}\right)\right]$

解 $\begin{aligned}\lim\limits_{x \to \infty}\left[\left(2+\dfrac{1}{x}\right)\left(3-\dfrac{1}{x^2}\right)\right]&=\lim\limits_{x \to \infty}\left(2+\dfrac{1}{x}\right) \cdot \lim\limits_{x \to \infty}\left(3-\dfrac{1}{x^2}\right)\\&=\left(\lim\limits_{x \to \infty}2+\lim\limits_{x \to \infty}\dfrac{1}{x}\right) \cdot \left(\lim\limits_{x \to \infty}3-\lim\limits_{x \to \infty}\dfrac{1}{x^2}\right)\\&=(2+0) \times (3-0)\\&=6\end{aligned}$

总结 对于多项式函数或者分母极限不为 0 的分式函数,根据极限运算的法则,可得$\lim\limits_{x \to x_0}f(x)=f(x_0)$.

二、未定式的极限

在自变量的同一变化过程中,如果两个函数 $f(x)$,$g(x)$ 都是无穷小量或都是无穷大量,则称极限 $\lim \dfrac{f(x)}{g(x)}$ 为未定式的极限,分别记为 $\dfrac{0}{0}$ 型或 $\dfrac{\infty}{\infty}$ 型. 求未定式的极限不能直接应用极限的四则运算法则,而必须用其他方法求得.

【例 4】 求 $\lim\limits_{x\to 1}\dfrac{x^2-1}{x-1}$

解 当 $x\to 1$ 时,分子、分母的极限都等于 0,是 "$\dfrac{0}{0}$" 型,因此,不能直接用法则求极限. 因为 $x\to 1$ 时,$x\neq 1$,$x-1\neq 0$,所以可以先约去不为零的公因式 $x-1$,再求极限.

$$
\begin{aligned}
\lim_{x\to 1}\frac{x^2-1}{x-1}&=\lim_{x\to 1}\frac{(x-1)(x+1)}{x-1}\\
&=\lim_{x\to 1}(x+1)\\
&=2
\end{aligned}
$$

> 知识回顾:
> 平方差公式
> $a^2-b^2=(a+b)(a-b)$

【例 5】 求 $\lim\limits_{x\to 4}\dfrac{x-4}{\sqrt{x+5}-3}$

解 当 $x\to 4$ 时,分子、分母的极限都等于 0,是 "$\dfrac{0}{0}$" 型,因此,不能直接用法则求极限. 因为分母含有根式,所以先有理化分母,再约去不为零的公因式,求极限.

$$
\begin{aligned}
\lim_{x\to 4}\frac{x-4}{\sqrt{x+5}-3}&=\lim_{x\to 4}\frac{(x-4)(\sqrt{x+5}+3)}{(\sqrt{x+5}-3)(\sqrt{x+5}+3)}\\
&=\lim_{x\to 4}\frac{(x-4)(\sqrt{x+5}+3)}{x-4}\\
&=\lim_{x\to 4}(\sqrt{x+5}+3)\\
&=\lim_{x\to 4}\sqrt{x+5}+\lim_{x\to 4}3\\
&=3+3\\
&=6
\end{aligned}
$$

总结 对于分子、分母的极限都等于 0 的函数,即 "$\dfrac{0}{0}$" 型,其极限的一般求法是先将分式约简再求之. 常用的约简方法有因式分解法、提取公因式法、分子或分母有理化法.

【例 6】 求 $\lim\limits_{x\to\infty}\dfrac{2x^2+3}{3x^2-2x}$

解 当 $x \to \infty$ 时,分子、分母都无限增大,是"$\dfrac{\infty}{\infty}$"型,因此,不能直接用法则求极限. 这时用 x^2 同除分子分母,然后再求极限.

$$\lim_{x \to \infty} \frac{2x^2+3}{3x^2-2x} = \lim_{x \to \infty} \frac{\dfrac{2x^2}{x^2} + \dfrac{3}{x^2}}{\dfrac{3x^2}{x^2} - \dfrac{2x}{x^2}}$$

$$= \lim_{x \to \infty} \frac{2 + \dfrac{3}{x^2}}{3 - \dfrac{2}{x}}$$

$$= \frac{\displaystyle\lim_{x \to \infty} 2 + \lim_{x \to \infty} \dfrac{3}{x^2}}{\displaystyle\lim_{x \to \infty} 3 - \lim_{x \to \infty} \dfrac{2}{x}}$$

$$= \frac{2+0}{3-0} = \frac{2}{3}$$

【例 7】 求 $\displaystyle\lim_{x \to \infty} \dfrac{3x^2-5x}{4x^3+7x^2}$

解 当 $x \to \infty$ 时,分子、分母都无限增大,是"$\dfrac{\infty}{\infty}$"型,因此,不能直接用法则求极限. 这时用 x^3 同除分子分母,然后再求极限.

$$\lim_{x \to \infty} \frac{3x^2-5x}{4x^3+7x^2} = \lim_{x \to \infty} \frac{\dfrac{3x^2}{x^3} - \dfrac{5x}{x^3}}{\dfrac{4x^3}{x^3} + \dfrac{7x^2}{x^3}}$$

$$= \lim_{x \to \infty} \frac{\dfrac{3}{x} - \dfrac{5}{x^2}}{4 + \dfrac{7}{x}}$$

$$= \frac{\displaystyle\lim_{x \to \infty} \dfrac{3}{x} - \lim_{x \to \infty} \dfrac{5}{x^2}}{\displaystyle\lim_{x \to \infty} 4 + \lim_{x \to \infty} \dfrac{7}{x}}$$

$$= \frac{0-0}{4+0} = 0$$

【例 8】 求 $\displaystyle\lim_{x \to \infty} \dfrac{3x^3-x^2+5}{x^2+4}$

解 与上例不同,本题分子的次数大于分母的次数,当 $x \to \infty$ 时,分子、分母都

无限增大,是"$\dfrac{\infty}{\infty}$"型,因此,不能直接用法则求极限. 但是,因为

$$\lim_{x\to\infty}\frac{x^2+4}{3x^3-x^2+5}=\lim_{x\to\infty}\frac{\dfrac{x^2}{x^3}+\dfrac{4}{x^3}}{\dfrac{3x^3}{x^3}-\dfrac{x^2}{x^3}+\dfrac{5}{x^3}}$$

$$=\lim_{x\to\infty}\frac{\dfrac{1}{x}+\dfrac{4}{x^3}}{3-\dfrac{1}{x}+\dfrac{5}{x^3}}$$

$$=\frac{\lim\limits_{x\to\infty}\dfrac{1}{x}+\lim\limits_{x\to\infty}\dfrac{4}{x^3}}{\lim\limits_{x\to\infty}3-\lim\limits_{x\to\infty}\dfrac{1}{x}+\lim\limits_{x\to\infty}\dfrac{5}{x^3}}$$

$$=\frac{0+0}{4-0+0}=0$$

所以 $\lim\limits_{x\to\infty}\dfrac{3x^3-x^2+5}{x^2+4}=\infty$

总结　对于分子、分母都无限增大的函数,即"$\dfrac{\infty}{\infty}$"型,其极限的一般求法是将

分式的分子分母同除以 x 的最高次幂,然后再求极限.

此外,归纳例 6、例 7、例 8,可以得出下面的一般结论:

如果　$f(x)=\dfrac{a_0x^m+a_1x^{m-1}+\cdots+a_m}{b_0x^n+b_1x^{n-1}+\cdots+b_n}$ $(a_0b_0\neq0,m,n$ 为非负常数)

则　$\lim\limits_{x\to\infty}f(x)=\begin{cases}0, & \text{当 }n>m;\\ \dfrac{a_0}{b_0}, & \text{当 }n=m;\\ \infty, & \text{当 }n<m.\end{cases}$

练习 2-4

求下列函数的极限

(1) $\lim\limits_{x\to2}(3x+2)^2$;　　　　(2) $\lim\limits_{x\to2}\dfrac{2x-4}{x^2-4}$;　　　　(3) $\lim\limits_{x\to\frac{\pi}{3}}2\sin^3x$;

(4) $\lim\limits_{x\to\frac{\pi}{2}}\dfrac{\sin x}{x}$;　　　　(5) $\lim\limits_{x\to\frac{\pi}{3}}\tan^2x$;　　　　(6) $\lim\limits_{x\to\frac{1}{2}}\dfrac{3x^2-1}{5x+1}$;

(7) $\lim\limits_{x\to1}\dfrac{x^3-1}{x-1}$;　　　　(8) $\lim\limits_{x\to-1}\dfrac{x^2-x-2}{x^2+x}$;　　(9) $\lim\limits_{x\to-1}\left[\left(7-\dfrac{x}{3}\right)\left(5+\dfrac{4}{x^2}\right)\right]$;

(10) $\lim\limits_{x\to\infty}\dfrac{3x^2-1}{7x^2+4x+3}$;　　(11) $\lim\limits_{x\to\infty}\dfrac{3x^3-5}{x^3+2x+6}$;　　(12) $\lim\limits_{x\to\infty}\dfrac{-x^2+x+3}{(x+1)(2x-1)}$;

(13) $\lim\limits_{x\to\infty}\dfrac{(x-1)(x-2)(x-3)}{5x^3+x^2}$.

2-5　两个重要极限

一、第一个重要极限

表 2-4 列出了当 $x\to0$ 时,计算出的函数 $f(x)=\dfrac{\sin x}{x}$ 的一些函数值,观察变化趋势.

表 2-4

x	1	0.5	0.1	0.01	⋯
$\dfrac{\sin x}{x}$	0.84147	0.95885	0.99833	0.99998	⋯

图 2-5-1 是函数 $f(x)=\dfrac{\sin x}{x}$ 的图像,观察变化趋势.

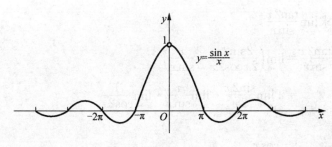

图 2-5-1

由表 2-4 和图 2-15 可以看出,当 $x\to0$ 时,函数 $\dfrac{\sin x}{x}\to1$,即 $\lim\limits_{x\to0}\dfrac{\sin x}{x}=1$,

这就是我们要学习的第一个重要极限:

$$\lim\limits_{x\to0}\dfrac{\sin x}{x}=1$$

知识回顾:

三角函数同角公式

$\sin^2\alpha+\cos^2\alpha=1$

$\dfrac{\sin\alpha}{\cos\alpha}=\tan\alpha$

【例1】　求 $\lim\limits_{x\to0}\dfrac{\tan x}{x}$

解　$\lim\limits_{x\to0}\dfrac{\tan x}{x}=\lim\limits_{x\to0}\dfrac{\dfrac{\sin x}{\cos x}}{x}$

$$=\lim_{x\to 0}\frac{\sin x}{x}\cdot\frac{1}{\cos x}$$

$$=\lim_{x\to 0}\frac{\sin x}{x}\cdot\lim_{x\to 0}\frac{1}{\cos x}$$

$$=1\cdot 1=1$$

【例2】　求$\lim\limits_{x\to 0}\dfrac{\sin 3x}{x}$

解　$\lim\limits_{x\to 0}\dfrac{\sin 3x}{x}=\lim\limits_{x\to 0}\dfrac{3\sin 3x}{3x}$（令$3x=y$）

$$=3\lim_{y\to 0}\frac{\sin y}{y}$$

$$=3\times 1=3$$

从上例可以看出,公式$\lim\limits_{x\to 0}\dfrac{\sin x}{x}=1$ 实际上可以写成

$$\lim_{f(x)\to 0}\frac{\sin f(x)}{f(x)}=1$$

其中$f(x)\to 0$ 表示当$x\to 0$ 时$f(x)\to 0$

利用公式$\lim\limits_{f(x)\to 0}\dfrac{\sin f(x)}{f(x)}=1$ 求极限更简捷方便.

【例3】　求$\lim\limits_{x\to 0}\dfrac{\tan 2x}{\sin x}$

解　$\lim\limits_{x\to 0}\dfrac{\tan 2x}{\sin x}=\lim\limits_{x\to 0}\left(\dfrac{2\sin 2x}{2x\cos 2x}\cdot\dfrac{x}{\sin x}\right)$

$$=2\lim_{x\to 0}\frac{\sin 2x}{2x}\cdot\lim_{x\to 0}\frac{x}{\sin x}\cdot\lim_{x\to 0}\frac{1}{\cos 2x}$$

$$=2$$

【例4】　求$\lim\limits_{x\to 0}\dfrac{1-\cos x}{x^2}$

解　$\lim\limits_{x\to 0}\dfrac{1-\cos x}{x^2}=\lim\limits_{x\to 0}\dfrac{2\sin^2\dfrac{x}{2}}{x^2}$

$$=\lim_{x\to 0}\frac{\sin^2\dfrac{x}{2}}{2\left(\dfrac{x}{2}\right)^2}$$

$$=\frac{1}{2}\lim_{x\to 0}\left(\frac{\sin\dfrac{x}{2}}{\dfrac{x}{2}}\right)^2$$

知识回顾:

三角函数二倍角公式

$\cos 2\alpha=\cos^2\alpha-\sin^2\alpha$

$\qquad=1-2\sin^2\alpha$

$\qquad=2\cos^2\alpha-1$

$$=\frac{1}{2}$$

【例 5】 求 $\lim\limits_{x\to 0}\dfrac{\tan x-\sin x}{x^3}$

解 $\lim\limits_{x\to 0}\dfrac{\tan x-\sin x}{x^3}=\lim\limits_{x\to 0}\dfrac{\dfrac{\sin x}{\cos x}-\sin x}{x^3}$

$$=\lim\limits_{x\to 0}\dfrac{\sin x(1-\cos x)}{x^3\cdot\cos x}=\lim\limits_{x\to 0}\dfrac{\sin x}{x}\cdot\lim\limits_{x\to 0}\dfrac{1}{\cos x}\cdot\lim\limits_{x\to 0}\dfrac{1-\cos x}{x^2}$$

$$=\frac{1}{2}$$

二、第二个重要极限

表 2-5 列出了当 $x\to\infty$ 时,计算出的函数 $f(x)=\left(1+\dfrac{1}{x}\right)^x$ 的一些近似函数值,观察变化趋势.

表 2-5

x 取正值无限增大	10	100	1 000	10 000	100 000	$\cdots$
$f(x)=\left(1+\dfrac{1}{x}\right)^x$ 函数值的近似值	2.593 742 5	2.704 811 38	2.716 923 9	2.718 145 9	2.718 268 2	$\cdots$

x 取负值无限增大	-10	-100	$-1\ 000$	$-10\ 000$	$-100\ 000$	$\cdots$
$f(x)=\left(1+\dfrac{1}{x}\right)^x$ 函数值的近似值	2.867 972 0	2.731 999 0	2.719 642 2	2.718 417 7	2.718 295 4	$\cdots$

可以证明,当 $x\to\infty$ 时,函数 $f(x)=\left(1+\dfrac{1}{x}\right)^x$ 无限趋近于一个确定的常数,这个常数就是无理数 $\mathrm{e}=2.718\ 281\ 828\ 45\cdots$,即

$$\boxed{\lim\limits_{x\to\infty}\left(1+\frac{1}{x}\right)^x=\mathrm{e}}$$

在上式中,如果设 $t=\dfrac{1}{x}$,则当 $x\to\infty$ 时,$t\to 0$,于是得到上式的另一种形式

$$\lim\limits_{t\to 0}(1+t)^{\frac{1}{t}}=\lim\limits_{x\to\infty}\left(1+\frac{1}{x}\right)^x=\mathrm{e}$$

即
$$\lim_{x\to 0}(1+x)^{\frac{1}{x}}=e$$

同第一个重要极限一样,利用公式 $\lim\limits_{f(x)\to\infty}\left(1+\dfrac{1}{f(x)}\right)^{f(x)}=e$ 或

$\lim\limits_{f(x)\to 0}\left[1+f(x)\right]^{\frac{1}{f(x)}}=e$ 求极限,写起来更简捷方便.

【例6】 求下列极限:

(1) $\lim\limits_{x\to\infty}\left(1+\dfrac{1}{x}\right)^{3x}$;　　　　(2) $\lim\limits_{x\to 0}(1+2x)^{\frac{1}{x}}$;　　　　(3) $\lim\limits_{x\to\infty}\left(1-\dfrac{1}{x}\right)^{x}$.

解　(1) $\lim\limits_{x\to\infty}\left(1+\dfrac{1}{x}\right)^{3x}=\lim\limits_{x\to\infty}\left[\left(1+\dfrac{1}{x}\right)^{x}\right]^{3}=e^{3}$;

　　(2) $\lim\limits_{x\to 0}(1+2x)^{\frac{1}{x}}=\lim\limits_{2x\to 0}\left[(1+2x)^{\frac{1}{2x}}\right]^{2}=e^{2}$;

　　(3) $\lim\limits_{x\to\infty}\left(1-\dfrac{1}{x}\right)^{x}=\lim\limits_{x\to\infty}\left(1+\dfrac{1}{-x}\right)^{x}$

　　　　　　　　　$=\lim\limits_{x\to\infty}\left[\left(1+\dfrac{1}{-x}\right)^{-x}\right]^{-1}$

　　　　　　　　　$=e^{-1}=\dfrac{1}{e}$.

【例7】 求 $\lim\limits_{x\to\infty}\left(1+\dfrac{1}{x}\right)^{x+3}$

解　$\lim\limits_{x\to\infty}\left(1+\dfrac{1}{x}\right)^{x+3}=\lim\limits_{x\to\infty}\left[\left(1+\dfrac{1}{x}\right)^{x}\cdot\left(1+\dfrac{1}{x}\right)^{3}\right]$

　　　　　　　　　　　　$=\lim\limits_{x\to\infty}\left(1+\dfrac{1}{x}\right)^{x}\cdot\lim\limits_{x\to\infty}\left(1+\dfrac{1}{x}\right)^{3}$

　　　　　　　　　　　　$=e\cdot 1=e$.

【例8】 求 $\lim\limits_{x\to\infty}\left(\dfrac{3+x}{2+x}\right)^{2x}$

解　$\lim\limits_{x\to\infty}\left(\dfrac{3+x}{2+x}\right)^{2x}=\lim\limits_{x\to\infty}\left[\left(1+\dfrac{1}{x+2}\right)^{x}\right]^{2}$

　　　　　　　　　　　$=\lim\limits_{x\to\infty}\left[\left(1+\dfrac{1}{x+2}\right)^{x+2}\right]^{2}\cdot\left(1+\dfrac{1}{x+2}\right)^{-4}$

　　　　　　　　　　　$=\left[\lim\limits_{x+2\to\infty}\left(1+\dfrac{1}{x+2}\right)^{x+2}\right]^{2}\cdot\lim\limits_{x\to\infty}\left(1+\dfrac{1}{x+2}\right)^{-4}$

　　　　　　　　　　　$=e^{2}$.

练习 2-5

1. 求下列极限:

(1) $\lim\limits_{x\to\infty} x\sin\dfrac{1}{x}$;　　　　(2) $\lim\limits_{x\to0}\dfrac{\sin5x}{x}$;

(3) $\lim\limits_{x\to0}\dfrac{\sin mx}{\sin nx}$;　　　　(4) $\lim\limits_{x\to0}\dfrac{\sin3x}{\tan x}$.

2. 求下列极限:

(1) $\lim\limits_{x\to\infty}\left(1+\dfrac{1}{x}\right)^{5x}$;　　　　(2) $\lim\limits_{x\to0}(1+x)^{\frac{2}{x}}$;

(3) $\lim\limits_{x\to\infty}\left(1-\dfrac{1}{x}\right)^{4x}$;　　　　(4) $\lim\limits_{x\to0}(1-x)^{\frac{3}{x}}$.

2-6　函数的连续性

在现实生活中有很多现象,如植物的生长,气温的变化,液体的流动都是随着时间连续变化的,这些现象反映在函数上,就是函数的连续性. 所谓"函数连续变化",在直观上来看,就是函数的图像是连续不间断的,从数量上分析,当自变量的变化微小时,函数值的变化也是很微小的,本节将利用极限来讨论函数的连续性问题.

为刻画函数的连续性,我们先引入增量的概念.

一、函数的增量

(1) Δx 称为自变量 x 从 x_0 变到 x 的增量,记为 $\Delta x = x - x_0$.

当点 x_0 以图 2-6-1 的方式变到 x 时,$\Delta x > 0$;

当点 x_0 以图 2-6-2 的方式变到 x 时,$\Delta x < 0$.

图 2-6-1　　　　　　　　　　　　　图 2-6-2

(2) Δy 称为函数 $f(x)$ 从 x_0 变到 x 的增量,记为 $\Delta y = f(x) - f(x_0)$.

当点 x_0 以图 2-6-3 的方式变到 x 时,$\Delta y > 0$;

当点 x_0 以图 2-6-4 的方式变到 x 时,$\Delta y < 0$.

当 $\Delta x \to 0$(即 $x \to x_0$)时,若 $\Delta y \to 0$[即 $f(x) \to f(x_0)$],通俗的说,即当 x 趋于 x_0 时,$f(x)$ 的值也"同步平稳"地到达 $f(x_0)$,那么从图像上观察函数 $f(x)$ 在点 x_0 会有什么样的形态呢? 而这刻画的正是 $f(x)$ 在点 x_0 连续这个事实.

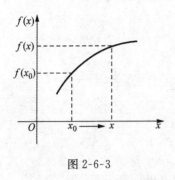

图 2-6-3

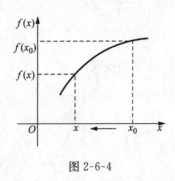

图 2-6-4

二、函数连续性概念

先看下面的例子:

图 2-6-5 是函数 $y=\dfrac{x^2-1}{x-1}$ 的图像,由于函数在点 $x=1$ 处无定义,因此函数在 $x=1$ 处断开,即不连续. 数量上,函数在 $x=1$ 处的极限 $\lim\limits_{x\to 1}\dfrac{x^2-1}{x-1}=2$,但函数在 $x=1$ 处的函数值却不存在,也就没有极限与函数值的相等关系.

图 2-6-6 是函数 $y=\begin{cases}1, & x\geqslant 0\\ -1, & x<0\end{cases}$ 的图像,函数在点 $x=0$ 处有定义,但当 x 经过点 $x=0$ 时,函数值发生了跳跃,其图像在 $x=0$ 处也是断开的,即不连续. 数量上,函数在 $x=0$ 处的左右极限 $\lim\limits_{x\to 1^+}f(x)=1$、$\lim\limits_{x\to 1^-}f(x)=-1$ 存在却不相等,因此 $\lim\limits_{x\to 1}f(x)$ 不存在,于是也就没有极限与函数值的相等关系.

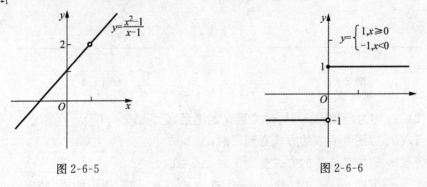

图 2-6-5　　　　　　　　　　　　　图 2-6-6

图 2-6-7 是函数 $y=x+1$ 的图像,与前面两个函数不同的是,函数在点 $x=2$ 处有定义,图像在 $x=2$ 处是不断开,即连续的. 数量上,函数在 $x=2$ 处的极限 $\lim\limits_{x\to 2}$

$x+1=3$ 与函数值 $f(2)=3$ 是相等的关系.

我们给出下面的定义：

定义 1 若函数 $y=f(x)$ 在点 x_0 处及附近有定义，且

$$\lim_{x \to x_0} f(x) = f(x_0),$$

则称函数 $y=f(x)$ 在点 x_0 处连续.

如图 2-6-8 所示函数 $y=f(x)$ 在点 x_0 处有定义，并且当 $x \to x_0$ 时，函数 $y=f(x)$ 的极限就是函数在 x_0 处的函数值 $y=f(x_0)$，这时，曲线 $y=f(x)$ 在点 x_0 处是连续的.

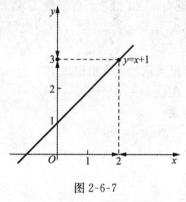

图 2-6-7

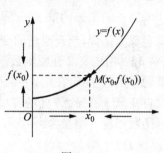

图 2-6-8

【例 1】 用定义证明函数 $y=2x+1$ 在点 $x=3$ 处连续.

证明 函数 $f(x)$ 在点 $x=3$ 及其附近有定义

因为
$$f(3) = 2 \times 3 + 1 = 7$$

$$\lim_{x \to 3}(2x+1) = \lim_{x \to 3} 2x + \lim_{x \to 3} 1$$
$$= 2 \lim_{x \to 3} x + \lim_{x \to 3} 1$$
$$= 2 \times 3 + 1 = 7$$

于是
$$\lim_{x \to 3} f(x) = f(3)$$

所以 函数 $y=2x+1$ 在点 $x=3$ 处连续.

可以看出，函数 $f(x)$ 在点 x_0 连续必须同时满足 3 个的条件：

(1) $f(x)$ 在点 x_0 及近旁有定义；

(2) 极限 $\lim_{x \to x_0} f(x)$ 存在；

(3) 极限值等于函数值 $\lim_{x \to x_0} f(x) = f(x_0)$.

以上 3 个条件只要缺一条函数 $f(x)$ 在点 $x=x_0$ 处就不连续.

【例 2】 试确定函数 $f(x) = \begin{cases} x^2, & x \leqslant 0 \\ x-1, & x > 0 \end{cases}$ 在 $x=0$ 处的连续性.

解 函数 $f(x)$ 在点 $x=0$ 及其附近有定义,且 $f(0)=0^2=0$

$$\lim_{x \to 0^-} f(x) = \lim_{x \to 0^-} x^2 = 0$$

$$\lim_{x \to 0^+} f(x) = \lim_{x \to 0^+} (x-1) = -1$$

于是,函数在 $x=0$ 处的左、右极限不相等,那么函数在 $x=0$ 处的极限就不存在.

所以函数在 $x=0$ 处不连续.

对于函数连续的定义,还可以用函数增量来描述如下:

定义 2 若函数 $y=f(x)$ 在点 x_0 处及附近有定义,如果当自变量 x 在 x_0 处的增量 Δx 趋近于 0 时,函数相应的增量,记为 $\Delta y = f(x_0 + \Delta x) - f(x_0)$ 也趋近于 0 ,即 $\lim_{\Delta x \to 0} \Delta y = 0$,则称函数 $y=f(x)$ 在点 x_0 处连续.

从直观上认识,当自变量的变化很微小时,函数值的变化也很微小.

【例3】 用定义 2 证明函数 $f(x)=x^2-3$ 在点 $x=1$ 处连续.

证明 函数 $f(x)$ 在点 $x=1$ 及其附近有定义

设自变量 x 在 $x=1$ 处的有增量 Δx

则函数相应的增量为

$$\Delta y = f(1+\Delta x) - f(1)$$
$$= [(1+\Delta x)^2 - 3] - (1^2 - 3)$$
$$= 2\Delta x + (\Delta x)^2$$

于是 $\lim_{\Delta x \to 0} \Delta y = \lim_{\Delta x \to 0} [2\Delta x + (\Delta x)^2] = 0$

所以 函数 $f(x)=x^2-3$ 在点 $x=1$ 处连续.

三、函数的间断点

1. 间断点的概念

如果函数 $f(x)$ 在 x_0 处不连续,则称 $f(x)$ 在 x_0 处间断,并称 x_0 为 $f(x)$ 的间断点.

函数 $f(x)$ 在点 x_0 处间断,有以下 3 种可能:

(1) 函数 $f(x)$ 在 x_0 没有定义.

(2) 函数 $f(x)$ 在 x_0 虽有定义,但极限 $\lim_{x \to x_0} f(x)$ 不存在.

(3) 函数 $f(x)$ 在 x_0 虽有定义,且极限 $\lim_{x \to x_0} f(x)$ 存在,但 $\lim_{x \to x_0} f(x) \neq f(x_0)$.

例如:(1) 函数 $f(x) = \dfrac{1}{x}$ 在 $x=0$ 处无定义,所以 $x=0$ 是其间断点.

(2) 函数 $f(x) = \begin{cases} x^2, & x \geqslant 0 \\ x+1, & x < 0 \end{cases}$ 在 $x=0$ 处有定义,$f(0)=0$,但 $\lim_{x \to 0^+} f(x) = 0$,

$\lim\limits_{x\to 0^-} f(x)=1$,故极限$\lim\limits_{x\to 0} f(x)$不存在,所以 $x=0$ 是其间断点.

(3) 函数 $f(x)=\begin{cases}\dfrac{x^2-1}{x-1}, & x\neq 1 \\ 1, & x=1\end{cases}$ 在 $x=1$ 处有定义,$f(1)=1$,极限$\lim\limits_{x\to 1} f(x)=$

2,故极限$\lim\limits_{x\to 1} f(x)$存在但是不等于 $f(1)$,所以 $x=1$ 是其间断点.

2. 间断点分类

设 x_0 为 $f(x)$ 的间断点,若在 x_0 点 $f(x)$ 的左、右极限都存在,则 x_0 称为 $f(x)$ 的第一类间断点;而凡不是第一类的间断点都称为第二类间断点.

在第一类间断点中,如果函数左、右极限存在但不相等,这种间断点又称为跳跃间断点;如果函数左、右极限存在且相等(即极限存在),但函数在该点没有定义,或者函数在该点有定义但函数值不等于极限值,这种间断点又称为可去间断点.

例如:(1) $y=\tan x$, $x=\dfrac{\pi}{2}$ 为其第二类间断点.

(2) $y=\sin\dfrac{1}{x}$,$x=0$ 为其第二类间断点.

(3) $y=\dfrac{x^2-1}{x-1}$,$x=1$ 为可去间断点.

(4) $y=f(x)=\begin{cases}x, & x\neq 1 \\ \dfrac{1}{2}, & x=1\end{cases}$,因为$\lim\limits_{x\to 1} f(x)=1\neq f(1)$,$x=1$ 为其可去间断点.

(5) $y=f(x)=\begin{cases}x-1, & x<0 \\ 0, & x=0 \\ x+1, & x>0\end{cases}$,因为 $\lim\limits_{x\to 0^+} f(x)=1$ $\lim\limits_{x\to 0^-} f(x)=-1$,$x=0$ 为其

跳跃间断点.

四、连续函数和初等函数的连续性

如果函数 $f(x)$ 在某区间上每一点都连续,则称它在该区间上连续或称它为该区间上的连续函数.

如果函数 $f(x)$ 在开区间 (a,b) 内每一点都是连续的,则称函数 $f(x)$ 在开区间 (a,b) 内连续或称它为开区间 (a,b) 内的连续函数.

如果函数 $f(x)$ 在闭区间 $[a,b]$ 内有定义,在开区间 (a,b) 内连续,且在区间端点处满足:$\lim\limits_{x\to a^+} f(x)=f(a)$, $\lim\limits_{x\to b^-} f(x)=f(b)$
则称函数 $f(x)$ 在闭区间 $[a,b]$ 内连续或称它为闭区间 $[a,b]$ 内的连续函数.

例如,函数 $y=x^2$ 在闭区间 $[-2,3]$ 内连续,而函数 $y=\lg x$ 在开区间 $(0,1)$ 内

连续,但是在闭区间$[0,1]$内不连续,因为它在左端点 $x=0$ 处无定义.

关于初等函数的连续性,可以证明下面的结论:

(1) 基本初等函数在其定义域内都是连续的.

(2) 连续函数经过有限次的四则运算和复合后,得到的函数仍然是连续的.

(3) 一切初等函数在定义区间内都是连续的,初等函数的连续区间就是其定义区间,初等函数在其定义区间内 x_0 点处的极限值就是其函数值 $f(x_0)$,即 $\lim\limits_{x \to x_0} f(x) = f(x_0)$.

五、闭区间上连续函数的性质

闭区间上连续的函数具有下面的性质:

1. 最值性

最值定理:若函数 $f(x)$ 在闭区间 $[a,b]$ 上连续,则 $f(x)$ 在闭区间 $[a,b]$ 上必有最大值和最小值.

推论:闭区间上的连续函数,在该区间上必有界.

2. 介值性

介值定理:如果函数 $f(x)$ 在闭区间 $[a,b]$ 上连续,$f(a) \neq f(b)$,且常数 μ 介于 $f(a)$ 与 $f(b)$ 之间,则至少存在一点 $\xi \in (a,b)$,使得 $f(\xi) = \mu$ 成立.

推论:闭区间上的连续函数,必能取得它的最大值与最小值之间的一切值.

3. 零点存在性

零点定理:若函数 $f(x)$ 在闭区间 $[a,b]$ 上连续,且 $f(a)$ 与 $f(b)$ 异号,则至少存在一点 $\xi \in (a,b)$,使得 $f(\xi) = 0$.

【例 4】 证明方程 $x^3 - 4x^2 + 1 = 0$ 在区间 $(0,1)$ 内至少有一个根.

证明 设 $f(x) = x^3 - 4x^2 + 1$,显然 $f(x)$ 在 $[0,1]$ 上连续,且

$$f(0) = 1 > 0, f(1) = -2 < 0$$

故据零点定理,至少存在一点 $\xi \in (0,1)$,使 $f(\xi) = 0$,

即 $\qquad\qquad \xi^3 - 4\xi^2 + 1 = 0, \xi \in (0,1)$,

所以方程 $x^3 - 4x^2 + 1 = 0$ 在区间 $(0,1)$ 内至少有一个根.

总结:设 $f(x)$ 是闭区间 $[a,b]$ 上的连续函数,则

(1) $f(x)$ 在 $[a,b]$ 上有界;

(2) $f(x)$ 在 $[a,b]$ 上有最大值与最小值;

(3) $f(x)$ 在 $[a,b]$ 上可取最大与最小值之间的任何值;

(4) 当 $f(a)f(b) < 0$ 时,必存在 $\xi \in (a,b)$,使 $f(\xi) = 0$.

练习 2-6

1. 设 $y=x^2-1, x_0=1$，当 $\Delta x=0.1, -0.2$ 时，求函数的增量 Δy.

2. 用定义证明函数 $y=x^2-1$ 在点 $x=1$ 处连续.

3. 讨论函数 $f(x)=\begin{cases} x^2-1, & x>0 \\ 1+2x, & x\leqslant 0 \end{cases}$ 在点 $x=0$ 处的连续性.

4. 试确定下列函数的间断点并指明类型：

(1) $f(x)=\dfrac{x^2+x-2}{x+2}$；
    (2) $f(x)=\begin{cases} x, & x\geqslant 0 \\ 1+x, & x<0. \end{cases}$

5. 说明下列函数在给定区间内是否连续：

(1) $y=\dfrac{1}{x^2}, x\in(0,1)$；
    (2) $y=\ln x, x\in(0,1)$；

(3) $y=\mathrm{e}^x, x\in\mathbf{R}$；
    (4) $y=\tan x, x\in\left(-\dfrac{\pi}{2}, \dfrac{\pi}{2}\right)$.

6. 证明方程 $x^4+2x^2-x-2=0$ 在区间 $(0,2)$ 内至少有一个实根.

知识回顾(二)

一、本章主要内容

1. 数列极限的概念

一般地说,对于数列$\{a_n\}$,若当项数 n 无限增大时,数列的项 a_n 无限地趋近于某一个确定的常数 A,则称此数列存在极限,常数 A 为它的极限.

记作$\lim\limits_{n\to\infty}a_n=A$,或 $a_n\to A(n\to\infty)$.

2. 函数极限的概念

(1) 如果当$|x|$无限增大,即 $x\to\infty$时,函数 $f(x)$ 无限地趋近于一个确定的常数 A,那么就称 $f(x)$ 当 $x\to\infty$时存在极限 A,数 A 为当 $x\to\infty$时函数 $f(x)$ 的极限.

记作 $\lim\limits_{x\to\infty}f(x)=A.$

(2) 如果当$x\to+\infty$时,函数 $f(x)$ 无限地趋近于一个确定的常数 A,那么就称 $f(x)$ 当 $x\to+\infty$时存在极限 A,数 A 为当 $x\to+\infty$时函数 $f(x)$ 的极限.

记作 $\lim\limits_{x\to+\infty}f(x)=A.$

(3) 如果当$x\to-\infty$时,函数 $f(x)$ 无限地趋近于一个确定的常数 A,那么就称 $f(x)$ 当 $x\to-\infty$时存在极限 A,数 A 为当 $x\to-\infty$时函数 $f(x)$ 的极限.

记作 $\lim\limits_{x\to-\infty}f(x)=A.$

(4) 如果当x 无限趋近于 x_0时,函数 $f(x)$ 无限地趋近于一个确定的常数 A,那么就称当 $x\to x_0$时 $f(x)$存在极限 A;数 A 就称为当 $x\to x_0$时,函数 $f(x)$ 的极限.

记作 $\lim\limits_{x\to x_0}f(x)=A.$

(5) 如果当x 从 x_0 的左侧$(x<x_0)$无限趋近 x_0(记为 $x\to x_0^{-}$)时,函数 $f(x)$无限地趋近于一个确定的常数 A,那么数 A 就叫做函数 $f(x)$ 在点 x_0 处的左极限.

记作 $\lim\limits_{x\to x_0^{-}}f(x)=A.$

(6) 如果当x 从 x_0 的右侧$(x>x_0)$无限趋近 x_0(记为 $x\to x_0^{+}$)时,函数 $f(x)$无限地趋近于一个确定的常数 A,那么数 A 就叫做函数 $f(x)$ 在点 x_0 处的右极限.

记作 $\lim\limits_{x\to x_0^{+}}f(x)=A.$

(7) 函数 $f(x)$ 在点 x_0 处极限存在的充要条件是 $f(x)$ 在点 x_0 处的左极限和右极限各自存在并且相等，即 $\lim\limits_{x \to x_0} f(x) = A \Leftrightarrow \lim\limits_{x \to x_0^-} f(x) = \lim\limits_{x \to x_0^+} f(x) = A.$

3. 无穷小和无穷大

(1) 如果当 $x \to x_0$（或 $x \to \infty$）时，函数 $f(x)$ 的极限为零，那么则称函数 $f(x)$ 为当 $x \to x_0$（或 $x \to \infty$）时的无穷小量，简称无穷小.

(2) 如果当 $x \to x_0$（或 $x \to \infty$）时，函数 $f(x)$ 的绝对值 $|f(x)|$ 可以无限的增大，那么则称函数 $f(x)$ 为当 $x \to x_0$（或 $x \to \infty$）时的无穷大量，简称无穷大.

(3) 无穷小的性质：

① 有限个无穷小的代数和仍是无穷小；

② 有界函数与无穷小的乘积是无穷小；

③ 常数和无穷小的乘积是无穷小；

④ 有限个无穷小的乘积是无穷小.

(4) 无穷小与无穷大的关系：在自变量的同一变化过程中，如果 $f(x)$ 为无穷大，则 $\dfrac{1}{f(x)}$ 为无穷小；反之，如果 $f(x)$ 为无穷小，且 $f(x) \neq 0$，则 $\dfrac{1}{f(x)}$ 为无穷大.

4. 极限的运算法则

如果 $\lim\limits_{x \to x_0} f(x) = A, \lim\limits_{x \to x_0} g(x) = B$，则有

(1) $\lim\limits_{x \to x_0} [f(x) + g(x)] = \lim\limits_{x \to x_0} f(x) + \lim\limits_{x \to x_0} g(x) = A + B;$

(2) $\lim\limits_{x \to x_0} [f(x) - g(x)] = \lim\limits_{x \to x_0} f(x) - \lim\limits_{x \to x_0} g(x) = A - B;$

(3) $\lim\limits_{x \to x_0} [f(x) \cdot g(x)] = \lim\limits_{x \to x_0} f(x) \cdot \lim\limits_{x \to x_0} g(x) = A \cdot B;$

(4) $\lim\limits_{x \to x_0} \dfrac{f(x)}{g(x)} = \dfrac{\lim\limits_{x \to x_0} f(x)}{\lim\limits_{x \to x_0} g(x)} = \dfrac{A}{B}, (B \neq 0).$

(5) $\lim\limits_{x \to x_0} c \cdot f(x) = c \lim\limits_{x \to x_0} f(x) = cA$（$c$ 为常数）

(6) $\lim\limits_{x \to x_0} [f(x)]^n = [\lim\limits_{x \to x_0} f(x)]^n = A^n, n \in \mathbf{N}^*$

5. 两个重要极限

$$\lim_{x \to 0} \frac{\sin x}{x} = 1; \qquad \lim_{x \to 0} (1 + x)^{\frac{1}{x}} = \mathrm{e}.$$

6. 函数的连续性

(1) 若函数 $y = f(x)$ 在点 x_0 处及附近有定义，且 $\lim\limits_{x \to x_0} f(x) = f(x_0)$，则称函数 $y = f(x)$ 在点 x_0 处连续.

(2) 函数 $f(x)$ 在点 x_0 连续必须同时满足 3 个条件：

① $f(x)$ 在点 x_0 及近旁有定义;

② 极限 $\lim\limits_{x \to x_0} f(x)$ 存在;

③ 极限值等于函数值 $\lim\limits_{x \to x_0} f(x) = f(x_0)$.

(3) 连续函数:如果函数 $f(x)$ 在某区间上每一点都连续,则称它在该区间上连续或称它为该区间上的连续函数.

(4) 关于初等函数的连续性:

① 基本初等函数在其定义域内都是连续的;

② 连续函数经过有限次的四则运算和复合后,得到的函数仍然是连续的;

③ 一切初等函数在定义区间内都是连续的,初等函数的连续区间就是其定义区间.

(5) 闭区间上连续函数的性质:

① 最值定理:若函数 $f(x)$ 在闭区间 $[a,b]$ 上连续,则 $f(x)$ 在闭区间 $[a,b]$ 上必有最大值和最小值.(闭区间上的连续函数,在该区间上必有界.)

② 介值定理:如果函数 $f(x)$ 在闭区间 $[a,b]$ 上连续,$f(a) \neq f(b)$,且常数 μ 介于 $f(a)$ 与 $f(b)$ 之间,则至少存在一点 $\xi \in (a,b)$,使得 $f(\xi) = \mu$ 成立.(闭区间上的连续函数,必能取得它的最大值与最小值之间的一切值.)

③ 零点定理:若函数 $f(x)$ 在闭区间 $[a,b]$ 上连续,且 $f(a)$ 与 $f(b)$ 异号,则至少存在一点 $\xi \in (a,b)$,使得 $f(\xi) = 0$.

二、本章学习要求

(1) 理解数列极限概念.

(2) 了解函数极限的描述性定义、函数的左、右极限的定义.

(3) 理解无穷小和无穷大的概念.

(4) 掌握极限的四则运算,会求基本函数和未定式函数的极限.

(5) 掌握两个重要极限,会用重要极限求简单函数的极限.

(6) 理解函数连续的相关概念.

复习题二

A 组

一、填空题

1. $\lim\limits_{x \to \infty} \dfrac{3x^2 - 2x + 1}{4x^2 + x - 1} =$ _____.

2. 若函数 $f(x)=x-1$,则 $f(x+\Delta x)=$ _____ .

3. $\lim\limits_{x\to 0}\dfrac{\sin 2x}{x}=$ _____ .

4. 若 $\lim\limits_{x\to a}f(x)=4$,$\lim\limits_{x\to a}g(x)=1$,则 $\lim\limits_{x\to a}\dfrac{f(x)}{g(x)}=$ _____ .

5. 函数 $f(x)=\begin{cases}\mathrm{e}^{-\frac{1}{x^2}} & x\neq 0 \\ 0 & x=0\end{cases}$ 在点 $x=0$ 处 _____ (是、不是)连续的.

二、选择题

1. $\lim\limits_{x\to -2}\dfrac{x^2-4}{x+2}=$ (　　)

A. 0 　　　　　B. ∞ 　　　　　C. -4 　　　　　D. 4

2. 当 $x\to +\infty$ 时,下列函数是无穷小的是(　　)

A. $y=2^x$ 　　　B. $y=\sqrt{x-1}$ 　　　C. $y=\dfrac{1}{x^2}$ 　　　D. $y=\ln x$

3. 下列变量在给定变化过程中是无穷大量的是(　　)

A. $\dfrac{x^2}{\sqrt{x^3+1}}(x\to 0)$ 　　　　　　　B. $\lg x(x\to 2)$

C. $\lg x(x\to +\infty)$ 　　　　　　　D. $\mathrm{e}^{-\frac{1}{x}}(x\to \infty)$

4. $f(x)$ 在点 $x=x_0$ 处有定义是当 $x\to x_0$ 时 $f(x)$ 有极限的(　　)

A. 充分条件 　　　B. 必要条件 　　　C. 充要条件 　　　D. 无关条件

5. 若 $\lim\limits_{x\to 0}\dfrac{\sin 2x}{kx}=1$,则 k 的值是(　　)

A. 1 　　　　　B. 2 　　　　　C. 3 　　　　　D. 4

三、是非题

1. $\lim\limits_{n\to \infty}\dfrac{n}{n+1}=1$.(　　)

2. $\lim\limits_{x\to +\infty}\arctan x=-\dfrac{\pi}{2}$.(　　)

3. $y=\sin(2x-1)$ 在 $(-\infty,+\infty)$ 内是连续函数.(　　)

4. $\lim\limits_{x\to 0}(1+x)^{2x}=\mathrm{e}^2$.(　　)

5. 无穷小的倒数是无穷大.(　　)

四、解答题

1. 求极限 $\lim\limits_{x \to -1} \dfrac{2x^2+x-1}{x^2-2}$.

2. 求极限 $\lim\limits_{x \to \infty} \dfrac{2x+3}{6x-1}$.

3. 求极限 $\lim\limits_{x \to \infty}\left(1+\dfrac{2}{x}\right)^{2x}$.

4. 求极限 $\lim\limits_{x \to 0} \dfrac{\sin 2x}{\sin 3x}$.

5. 设 $f(x)=\begin{cases} e^x & x \geqslant 0 \\ x+1 & x < 0 \end{cases}$,讨论 $x=0$ 处函数的连续性.

B 组

一、填空题

1. $\lim\limits_{x \to \infty} \dfrac{1}{x^3}=$ _____ .

2. $\lim\limits_{x \to \infty} \dfrac{4x^3-1}{5x^3+3}=$ _____ .

3. $\lim\limits_{x \to +\infty}\left(\dfrac{1}{4}\right)^x=$ _____ .

4. $\lim\limits_{x \to 5} \dfrac{x^2-25}{x^2-5}=$ _____ .

5. $\lim\limits_{x \to 0} \ln(1+x)=$ _____ .

二、选择题

1. $f(x)$ 在点 $x=x_0$ 处有定义是 $f(x)$ 在 $x=x_0$ 处连续的(　　)

A. 充分条件　　　B. 必要条件　　　C. 充要条件　　　D. 无关条件

2. $\lim\limits_{x \to 1} \dfrac{\sin(x^2-1)}{x-1}=$(　　)

A. 1　　　　　　B. 0　　　　　　C. 2　　　　　　D. $\dfrac{1}{2}$

3. 如果 $\lim\limits_{x \to a} f(x)=\infty, \lim\limits_{x \to a} g(x)=\infty$,则有(　　)

A. $\lim\limits_{x \to a}[f(x)+g(x)]=\infty$

B. $\lim\limits_{x \to a}[f(x)-g(x)]=0$

C. $\lim\limits_{x \to a} \dfrac{1}{f(x)+g(x)}=0$

D. $\lim\limits_{x \to a} kf(x)=\infty$($k$ 为非零常数)

4. 下列极限存在的是(　　)

A. $\lim\limits_{x \to \infty} \dfrac{x(x+1)}{x^2}$　　B. $\lim\limits_{x \to 0} \dfrac{1}{2^x-1}$　　C. $\lim\limits_{x \to 0} e^{\frac{1}{x}}$　　D. $\lim\limits_{x \to +\infty} \sqrt{\dfrac{x^2+1}{x}}$

5. 下列变量在给定变化过程中是无穷小量的是（   ）

A. $2^{-x}+1(x\to 0)$

B. $\dfrac{\sin x}{x}(x\to 0)$

C. $\dfrac{x^2}{\sqrt{x^3-2x+1}}(x\to +\infty)$

D. $\dfrac{x^2}{x+1}\left(3-\sin\dfrac{1}{x}\right)(x\to 0)$

三、是非题

1. $\lim\limits_{x\to\infty}\mathrm{e}^{\frac{1}{x}}=1$. （   ）

2. $\lim\limits_{x\to 0}\mathrm{e}^{\frac{1}{x}}=\infty$. （   ）

3. $\lim\limits_{x\to 0}(1+x)^{2x}=\mathrm{e}^x$. （   ）

4. 函数 $y=\dfrac{x(x-1)\sqrt{x+1}}{x^3-1}$ 在过程 $x\to +\infty$ 中为无穷小量. （   ）

5. 当 $x\to a$ 时,函数 $f(x)$ 为有界函数,则必有 $\lim\limits_{x\to a}(x-a)f(x)=0$. （   ）

四、解答题

1. 求极限 $\lim\limits_{x\to 0}\dfrac{\sqrt{x+1}-1}{x}$.

2. 求极限 $\lim\limits_{x\to\infty}\left(\dfrac{x+4}{x+2}\right)^x$.

3. 求极限 $\lim\limits_{x\to\infty}\dfrac{3x-5}{x^2\sin\dfrac{1}{2x}}$.

4. 设函数 $f(x)=\begin{cases}\dfrac{\sin 2x}{x}, & x<0 \\ 3x^2-2x+k, & x\geqslant 0\end{cases}$,$k$ 为何值时,能使得函数在其定义域内连续.

5. 证明曲线 $y=x^4-3x^2+7x-10$ 在 $x=1$ 与 $x=2$ 之间至少与 x 轴有一个交点.

阅读材料(二)

探究极限思想的起源与发展
——感悟数学之美

　　如果把数学比作一个浩瀚无边而又奇异神秘的宇宙,那么极限思想就是这个宇宙中最闪亮最神秘最牵动人心的恒星之一.极限,单从字面上来讲,就足以让人浮想联翩,发散思维,引发出无限的想象."挑战极限,超越自我"曾是我们高三时期激励自己努力学习的铮铮誓言.然而这只是生活中我们对极限的理解,还很幼稚、很肤浅,与数学上所讲的"极限"还有很大的区别.结合自己近期来搜集整理的资料,我想对极限思想的起源与发展以及一些极限的简单应用做一个小小的探究.我觉得,我们可以把极限思想的发展历程大致分为3个阶段——萌芽阶段、发展阶段、进一步发展完善阶段.

　　数学家拉夫纶捷夫曾说:"数学极限法的创造是对那些不能够用算术、代数和初等几何的简单方法来求解的问题进行了许多世纪的顽强探索的结果."极限思想的历史可谓源远流长,一直可以上溯到2000多年前.这一时期可以称作是极限思想的萌芽阶段.突出特点是人们已经开始意识到极限的存在,并且会运用极限思想解决一些实际问题,但是还不能够对极限思想得出一个抽象的概念.也就是说,这时的极限思想建立在一种直观的原始基础上,没有上升到理论层面,人们还不能够系统而清晰地利用极限思想解释现实问题.极限思想的萌芽阶段以希腊的芝诺,中国古代的惠施、刘徽、祖冲之等为代表.

　　提到极限思想,就不得不提到著名的阿基里斯悖论——一个困扰了数学界十几个世纪的问题.阿基里斯悖论是由古希腊的著名哲学家芝诺提出的,他的话援引如下:"阿基里斯不能追上一只逃跑的乌龟,因为在他到达乌龟所在的地方所花的那段时间里,乌龟能够走开.然而即使它等着他,阿基里斯也必须首先到达他们之间一半路程的目标,并且,为了他能到达这个中点,他必须首先到达距离这个中点一半路程的目标,这样无限继续下去,从概念上,面临这样一个倒退,他甚至不可能开始,因此运动是不可能的."就是这样一个从直觉与现实两个角度都不可能的问题困扰了世人十几个世纪,直至17世纪随着微积分的发展,极限的概念得到进一步的完善,人们对"阿基里斯"悖论造成的困惑才得以解除.

　　无独有偶,我国春秋战国时期的哲学名著《庄子》记载着惠施的一句名言"一尺之锤,日取其半,万事不竭."也就是说,从一尺长的竿,每天截取前一天剩下的一半,随着时间的流逝,竿会越来越短,长度越来越趋近于零,但又永远不会等于零.

这更是从直观上体现了极限思想. 我国古代的刘徽和祖冲之计算圆周率时所采用的"割圆术"则是极限思想的一种基本应用.

以上诸多内容都是极限思想萌芽阶段的一些表现,尽管在这一阶段人们没有明确提出极限这一概念,但是哲人们留下的这些生动事例却是激发后人继续积极探索极限、发展极限思想的不竭动力. 极限思想的发展阶段大致在 16～17 世纪. 在这一阶段,真正意义上的极限得以产生. 从这一时期开始,极限与微积分开始形成密不可分的关系,并且最终成为微积分的直接基础. 尽管极限概念被明确提出,可是它仍然过于直观,与数学上追求严密的原则相抵触.

例如,在瞬时速度这一问题上,牛顿曾说:"两个量和量之比,如果在有限时间内不断趋于相等,且在这一时间终止前互相靠近,使得其差小于任意给定的差,则最终就成为相等."牛顿所运用的极限概念,只是接近于下列直观性的语言描述:"如果当 n 无限增大时,a_n 无限地接近于常数 A,那么就说 a_n 以 A 为极限". 这只是"在运动观点的基础上凭借几何图像产生的直觉用自然语言做出的定性描述". 这一概念固然直观、清晰、简单易懂,但是从数学的角度审视,对极限的认识不能仅停留在直观的认识阶段. 极限需要有一个严格意义上的概念描述.

于是,人们继续对极限进行深入的探索,推动极限进入了发展的第三个阶段. 值得注意的是,极限思想的完善与微积分的严格化密切相关. 18 世纪时,罗宾斯、达朗贝尔与罗伊里艾等人先后明确地表示必须将极限作为微积分的基础,并且都对极限做出了定义. 然而他们仍然没有摆脱对几何直观的依赖. 尽管如此,他们对极限的定义也是有所突破的,极限思想也是无时无刻不在进步着.

直至 19 世纪,维尔斯特拉斯提出了极限的静态定义. 在这一定义中,"无限""接近"等字眼消失了,取而代之的是数字及其大小关系. 排除了极限概念中的直观痕迹,这一定义被认为是严格的. 数学极限的"εN"定义远没有建立在运动和直观基础上的描述性定义易于理解. 这也体现出了数学概念的抽象性,越抽象越远离原型,然而越能精确地反映原型的本质. 不管怎么说,极限终于迎来了属于自己的严格意义上的定义,为以后极限思想的进一步发展以及微积分的发展开辟了新的道路.

在极限思想的发展历程中,变量与常量,有限与无限,近似与精确的对立统一关系体现得淋漓尽致. 从这里,我们可以看出数学并不是自我封闭的学科,它与其他学科有着千丝万缕的联系. 正如一位哲人所说:"数学不仅是一种方法,一门艺术或一种语言,数学更主要的是一门有着丰富内容的知识体系."在探求极限起源与发展的过程中,我发现数学确实是一个美丽的世界,享受数学是一个美妙的过程. 以前总是觉得数学枯燥艰涩,可是通过近段时间对极限思想的探究,我真切地感受到数学之美. 在数学推理的过程中,我们可以尽情发散自己的思维,抛开身边的一切烦恼,插上智慧的双翼遨游于浩瀚无疆的数学世界.什么琐事都不要想,全身心投入其中,享受智慧的自由飞翔,这种感觉真的很美.

培根说:"数学使人精细."我们觉得应该再加上一句——数学使人尽情享受思维飞翔的美感.

3 导数与微分

　　高等数学的主体部分是微积分,微积分包括微分学和积分学两部分.微分学含有导数和微分.其中导数反映函数相对于自变量的变化快慢程度,如力学中的速度,电学中的电流强度,几何学中的切线斜率等等.而微分学则反映了当自变量有微小变化时函数大体上变化了多少.在这一章中,我们主要讨论导数与微分的概念以及它们的计算方法,以及它们的简单应用.

3-1　导数的概念

一、引例

1. 曲线的切线问题

　　有很多实际问题都与曲线的切线有关,例如有关运动的方向问题,有关光线的入射角和反射角问题等等.我们知道圆的切线可定义为"与圆只有一个交点的直线"[图 3-1-1(a)],而对于更复杂的曲线来说,把曲线的切线定义为"与曲线只有一个交点的直线"就不合适了,图 3-1-1(b)中直线 l 与曲线 C 只交于点 P,显然该直线不是我们在实际问题中所指的切线,而直线 t 虽然与曲线 C 的交点有两个,但该直线却是我们所指的曲线 C 在 P 点的切线,下面我们给出切线的定义.

　　如图 3-1-2 所示,设曲线 C 是函数 $y=f(x)$ 的图形,$M_0(x_0,y_0)$ 是曲线 C 上的一个点,在曲线 C 上任取一点 $M(x,y)$,$M\neq M_0$.过点 M_0 及 M 的直线称为曲线 C 的割线.此割线的斜率为

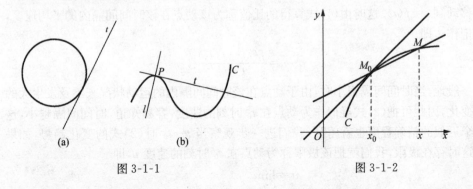

图 3-1-1　　　　　　　　　　　　图 3-1-2

$$k_{MM_0} = \frac{y - y_0}{x - x_0} = \frac{f(x) - f(x_0)}{x - x_0}.$$

令点 M 沿曲线 C 趋向于点 M_0,这时 $x \to x_0$. 如果极限

$$\lim_{x \to x_0} \frac{f(x) - f(x_0)}{x - x_0}$$

存在,设为 k,即

$$k = \lim_{x \to x_0} \frac{f(x) - f(x_0)}{x - x_0}.$$

那么,就把过点 M_0 而以 k 为斜率的直线称为曲线 C 在点 M_0 处的切线. 由于作为切线斜率的 k 值是割线斜率的极限,所以通常也说,当点 M 沿曲线 C 趋向于点 M_0 时,割线绕点 M_0 转动而以切线为极限位置.

　2. 物体作变速直线运动的速度

　设某点沿直线运动,在直线上引入原点、单位及方向,使直线成为一数轴. 此

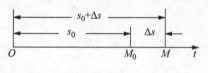

图 3-1-3

外,再取定一个时刻作为测量时间的零点. 设动点于时刻 t 在直线上的位置的坐标为 s(简称位置 s)(图 3-1-3). 这样,运动完全由形如 $s = f(t)$ 的方程所确定. 这里 $f(t)$ 是 t 的函数,称为位置函数. 在最简单的情形,该点所经过的路程与所花的时间成正比. 就是说,无论取哪一段路程,比值

$$\frac{经过的路程}{所用的时间} \tag{1}$$

总是相同的. 这个比值就称为该动点的速度,并认为该动点作匀速直线运动. 如果该动点不是作匀速直线运动,那么在运动的不同时间间隔内,比值(1)可能有不同的值,因此,以此比值笼统地作为该动点的速度就没有意义,而只能考虑动点在时刻 t_0 的速度. 那么,关于这种速度应如何理解呢?

　首先取从时刻 t_0 到 t 这样一个时间间隔,在这段时间内动点从位置 $s_0 = f(t_0)$ 移动到 $s = f(t)$. 这时由(1)式算得的比值称为该动点在该时间间隔内的平均速度,记作 $\bar{v}$,即

$$\bar{v} = \frac{f(t) - f(t_0)}{t - t_0}. \tag{2}$$

一般地,当时间间隔很小时,由于动点在该时间间隔内的运动状况来不及发生大的变化,因此可把(2)式近似作为动点在 t_0 时刻的速度,容易知道,时间间隔越小,这个近似的精确程度也就越高. 我们进一步观察当 $t \to t_0$ 时(2)式的变化趋势,如果这时存在极限,我们就把该极限称为动点在 t_0 时刻的速度 v,即

$$v = \lim_{t \to t_0} \bar{v}$$

$$= \lim_{t \to t_0} \frac{f(t) - f(t_0)}{t - t_0}.$$

以上虽然是两个不同的具体问题,但都是某个变量 $y = f(x)$ 的变化率问题,其计算可归结为如下的极限问题:

$$\lim_{x \to x_0} \frac{f(x) - f(x_0)}{x - x_0}, \tag{3}$$

其中 $\dfrac{f(x) - f(x_0)}{x - x_0}$ 为函数增量与自变量增量之商,表示函数的平均变化率,而当 $x \to x_0$ 时平均变化率的极限即为函数 $f(x)$ 在点 x_0 处的变化率. 若记 $\Delta x = x - x_0$, $\Delta y = y - y_0$,则(3)式也可写成

$$\lim_{x \to x_0} \frac{\Delta y}{\Delta x} \quad \text{或} \quad \lim_{x \to x_0} \frac{f(x_0 + \Delta x) - f(x_0)}{\Delta x}.$$

在实际生活中还有很多不同类型的变化率问题,例如细杆的线密度,电流强度,人口增长率以及经济学中的边际成本,边际利润等等,涉及众多不同领域,这就要求我们用统一的方式来加以处理,从而得出了导数的概念.

二、导数的概念

在上一节所述两个实际例子中,所计算的量的实际意义不同,前者是几何量,后者是物理量. 但是计算这两个量的所学思想方法和计算步骤完全一样. 即先计算函数在某一点处的增量,再计算函数的增量比上自变量的增量,最后求增量比的极限. 这类增量比的极限在数学上叫做导数. 下面给出导数的概念.

定义 设函数 $y = f(x)$ 在点 x_0 的某个邻域内有定义,当自变量 x 在 x_0 处取得增量 Δx 时(点 $x_0 + \Delta x$ 仍在该领域内),因变量 y 相应的取得增量 $\Delta y = f(x_0 + \Delta x) - f(x_0)$. 如果 Δy 与 Δx 之比当 $\Delta x \to 0$ 时的极限存在,则称函数 $y = f(x)$ 在点 x_0 处可导,并称这个极限为函数 $y = f(x)$ 在点 x_0 处的导数,记为 $y' \vert_{x = x_0}$,
即

$$\begin{aligned} y' \vert_{x = x_0} &= \lim_{x \to x_0} \frac{\Delta y}{\Delta x} \\ &= \lim_{x \to x_0} \frac{f(x_0 + \Delta x) - f(x_0)}{\Delta x} \end{aligned} \tag{4}$$

也可记作 $f'(x_0), \dfrac{\mathrm{d}y}{\mathrm{d}x}\bigg|_{x = x_0}$ 或 $\dfrac{\mathrm{d}f(x)}{\mathrm{d}x}\bigg|_{x = x_0}$.

函数 $f(x)$ 在点 x_0 处可导有时也说成函数 $f(x)$ 在点 x_0 处具有导数或导数存在.

导数的定义式(4)也可取不同的形式,常见的还有

$$f'(x_0) = \lim_{x \to x_0} \frac{f(x) - f(x_0)}{x - x_0} \tag{5}$$

导数是概括了各种各样的变化率概念而得出来的一个更一般性也更抽象的概念,它撇开了自变量和因变量所代表的几何或物理等方面的特殊意义,纯粹从数量方面来刻画变化率的本质,它反映了因变量随自变量的变化而变化的快慢程度.

如果当 $\Delta x \to 0$ 时,因变量增量与自变量增量之比 $\dfrac{\Delta y}{\Delta x}$ 的极限不存在,就说函数 $y = f(x)$ 在点 x_0 处不可导。如果不可导的原因是由于当 $\Delta x \to 0$ 时,比值 $\dfrac{\Delta y}{\Delta x} \to \infty$,在这种情况下,为了方便起见,也往往说函数 $y = f(x)$ 在点 x_0 处的导数为无穷大,并记作 $f'(x_0) = \infty$.

上面讲的是函数在某一点处可导. 如果函数 $y = f(x)$ 在开区间 (a, b) 内的每点处都可导,就称函数 $y = f(x)$ 在 (a, b) 内可导. 这时,对于区间 (a, b) 内的每一个确定的 x 值,都对应着 $y = f(x)$ 的一个确定的导数 $f'(x)$,这样就构成了一个新的函数,这个函数叫做原来函数 $y = f(x)$ 的导函数,记作 y',$f'(x)$,$\dfrac{\mathrm{d}y}{\mathrm{d}x}$ 或 $\dfrac{\mathrm{d}f(x)}{\mathrm{d}x}$.

在(3)式中,把 x_0 换成 x,即得导函数的定义式

$$y' = \lim_{\Delta x \to 0} \frac{f(x + \Delta x) - f(x)}{\Delta x}.$$

注意 在上式中,虽然 x 可以取区间 (a, b) 内的任何数值,但在取极限的过程中,x 是常量,Δx 是变量.

导函数 $f'(x)$ 也常简称为导数. $f'(x)$ 表示 $f(x)$ 在任意点 x 处的导数.

$f'(x)$ 与 $f'(x_0)$ 的区别与联系:$f'(x)$ 是 x 的函数,而函数 $f'(x_0)$ 是一个常数,$f'(x_0)$ 是导函数 $f'(x)$ 在点 x_0 处的函数值,即

$$f'(x_0) = f'(x)\big|_{x = x_0}.$$

$\dfrac{\Delta y}{\Delta x}$ 表示函数的平均变化率,而 $\dfrac{\mathrm{d}y}{\mathrm{d}x}$ 则表示函数的瞬时变化率.

【例 1】 求函数 $y = x^3$ 的导数.

解 $\Delta y = (x + \Delta x)^3 - x^3$

$\qquad = 3x^2 \Delta x + 3x(\Delta x)^2 + (\Delta x)^3$

$\dfrac{\Delta y}{\Delta x} = 3x^2 + 3x(\Delta x) + (\Delta x)^2$

$y' = \lim_{\Delta x \to 0} \dfrac{\Delta y}{\Delta x}$

$\quad = \lim_{\Delta x \to 0} [3x^2 + 3x(\Delta x) + (\Delta x)^2]$

$\quad = 3x^2.$

即 $(x^3)'=3x^2$

【例 2】 求函数 $y=\sqrt{x}$ 的导数.

解 $\Delta y=f(x+\Delta x)-f(x)$

$\qquad =\sqrt{x+\Delta x}-\sqrt{x}$

$\dfrac{\Delta y}{\Delta x}=\dfrac{\sqrt{x+\Delta x}-\sqrt{x}}{\Delta x}$

$y'=\lim\limits_{\Delta x\to 0}\dfrac{\Delta y}{\Delta x}$

$\quad =\lim\limits_{\Delta x\to 0}\dfrac{\sqrt{x+\Delta x}-\sqrt{x}}{\Delta x}$

$\quad =\lim\limits_{\Delta x\to 0}\dfrac{(\sqrt{x+\Delta x}-\sqrt{x})(\sqrt{x+\Delta x}+\sqrt{x})}{\Delta x(\sqrt{x+\Delta x}+\sqrt{x})}$

$\quad =\lim\limits_{\Delta x\to 0}\dfrac{\Delta x}{\Delta x(\sqrt{x+\Delta x}+\sqrt{x})}$

$\quad =\lim\limits_{\Delta x\to 0}\dfrac{1}{(\sqrt{x+\Delta x}+\sqrt{x})}$

$\quad =\dfrac{1}{2\sqrt{x}}$

即 $(\sqrt{x})'=\dfrac{1}{2\sqrt{x}}\ (x\neq 0)$

分析 由 $(x^3)'=3x^2$

$\qquad\qquad 与 (\sqrt{x})'=(x^{\frac{1}{2}})'$

$\qquad\qquad\qquad =\dfrac{1}{2\sqrt{x}}\ (x\neq 0)$

可得幂函数求导公式: $(x^\alpha)'=\alpha x^{\alpha-1}$ (α 为任意常数).

例如 求函数 (1) $y=\dfrac{1}{x}$,(2) $y=x^{\frac{3}{2}}$ 的导数.

解 (1) $y'=(x^{-1})'$

$\qquad =-1\times x^{-1-1}$

$\qquad =-\dfrac{1}{x^2}$

$\quad$ (2) $y'=(x^{\frac{3}{2}})'$

$\qquad =\dfrac{3}{2}x^{\frac{3}{2}-1}$

$$= \frac{3}{2} x^{\frac{1}{2}}$$

$$= \frac{3}{2} \sqrt{x}$$

三、导数的几何意义

由前面介绍的切线的定义可知,如果函数 $f(x)$ 在点 x_0 处可导,则表明曲线 $y = f(x)$ 在点 $[x_0, f(x_0)]$ 处有不垂直于 x 轴的切线,且该切线的斜率为 $f'(x_0)$,即 $f'(x_0) = \tan\alpha$,其中 α 为切线的倾角(见图 3-1-4).

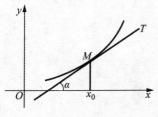

而如果函数 $f(x)$ 在点 x_0 处的导数为无穷大,则易知当 $x \to x_0$ 时,曲线 $y = f(x)$ 的过点 $[x, f(x)]$ 和点 $[x_0, f(x_0)]$ 的割线以垂直于 x 轴的直线 $x = x_0$ 为极限位置,即曲线 $y = f(x)$ 在点 $[x_0, f(x_0)]$ 处有垂直于 x 轴的切线 $x = x_0$.

图 3-1-4

根据导数的几何意义并应用直线的点斜式方程,可知曲线 $y = f(x)$ 的在点 $M[x_0, f(x_0)]$ 处的切线方程为
$$y - y_0 = k(x - x_0),$$
即:$y - y_0 = f'(x_0)(x - x_0)$.

【例3】　求等轴双曲线 $y = \frac{1}{x}$ 在点 $\left(\frac{1}{2}, 2\right)$ 处的切线的斜率,并写出切线方程和法线方程.

解　根据导数的几何定义知道,所求切线斜率为
$$k = y' \big|_{x = \frac{1}{2}}$$
由于 $y' = \left(\frac{1}{x}\right)'$
$$= -\frac{1}{x^2}$$
于是 $k = -4$

> 过切点 $M[x_0, f(x_0)]$ 且与切线垂直的直线称为曲线在点 $M[x_0, f(x_0)]$ 处的法线,如果 $f'(x_0) \neq 0$,则法线的斜率为 $-\dfrac{1}{f'(x_0)}$,从而法线方程为 $y - y_0 = -\dfrac{1}{f'(x_0)}(x - x_0)$

从而所求切线方程为 $y - 2 = -4\left(x - \frac{1}{2}\right)$

即　$4x + y - 4 = 0$

所求法线的斜率为 $-\dfrac{1}{k} = \dfrac{1}{4}$

于是所求法线方程为 $y - 2 = \dfrac{1}{4}\left(x - \dfrac{1}{2}\right)$

即　$2x - 8y + 15 = 0$.

【例 4】　问曲线 $y=x^{\frac{3}{2}}$ 上哪一点处的切线与直线 $y=3x-1$ 平行？

解　已知直线 $y=3x-1$ 的斜率为 $k=3$. 根据两条直线平行的条件,所求切线的斜率也应等于 3.

由导数的几何意义可知, $y=x^{\frac{3}{2}}$ 的导数表示曲线上点 $M(x,y)$ 处的切线斜率. 因此,问题就成为:当 x 为何值时,导数 $y'=\dfrac{3}{2}x^{\frac{1}{2}}$ 等于 3,即

$$\frac{3}{2}x^{\frac{1}{2}}=3$$

解此方程得 $x=4$.

将 $x=4$ 代入所给曲线方程,

得 $y=4^{\frac{3}{2}}$

　　　$=8$.

因此曲线 $y=x^{\frac{3}{2}}$ 在点 $(4,8)$ 处的切线与直线 $y=3x-1$ 平行.

四、函数的可导性与连续性之间的关系

设函数 $y=f(x)$ 在点 x 处可导,即 $\lim\limits_{\Delta x\to 0}\dfrac{\Delta y}{\Delta x}=f'(x)$ 存在,则由极限运算法则可得

$$\begin{aligned}
\lim_{\Delta x\to 0}\Delta y &= \lim_{\Delta x\to 0}\frac{\Delta y}{\Delta x}\cdot \Delta x\\
&= \lim_{\Delta x\to 0}\frac{\Delta y}{\Delta x}\cdot \lim_{\Delta x\to 0}\Delta x\\
&= f'(x)\cdot 0\\
&= 0.
\end{aligned}$$

由此可见,当 $\Delta x\to 0$ 时, $\Delta y\to 0$. 这就是说,函数 $y=f(x)$ 在点 x 处是连续的. 所以,如果函数 $y=f(x)$ 在点 x 处可导,则函数在该点必连续.

但反过来,函数在点 x_0 处连续,不一定在该点处可导. 举例说明如下:

【例 5】　函数 $y=|x|$ 在区间 $(-\infty,+\infty)$ 内连续,但在点 $x=0$ 处不可导.

解　因为

$$\begin{aligned}
\lim_{\Delta x\to 0}\frac{\Delta y}{\Delta x} &= \lim_{\Delta x\to 0}\frac{f(0+\Delta x)-f(0)}{\Delta x}\\
&= \lim_{\Delta x\to 0}\frac{|\Delta x|-0}{\Delta x}\\
&= \lim_{\Delta x\to 0}\frac{|\Delta x|}{\Delta x}
\end{aligned}$$

所以　左极限 $=\lim\limits_{\Delta x\to 0^-}\dfrac{|\Delta x|}{\Delta x}=\lim\limits_{\Delta x\to 0^-}\dfrac{-\Delta x}{\Delta x}=-1$

$$右极限 = \lim_{\Delta x \to 0^+} \frac{|\Delta x|}{\Delta x} = \lim_{\Delta x \to 0^+} \frac{\Delta x}{\Delta x} = 1$$

$$由于 \lim_{\Delta x \to 0^-} \frac{-\Delta x}{\Delta x} \neq \lim_{\Delta x \to 0^+} \frac{\Delta x}{\Delta x}$$

$$所以 \lim_{\Delta x \to 0} \frac{\Delta y}{\Delta x} = \lim_{\Delta x \to 0} \frac{f(0 + \Delta x) - f(0)}{\Delta x} 不存在.$$

因此函数 $y = |x|$ 在 $x = 0$ 处不可导(见图 3-1-5).

下面再举一个例子:

【例 6】 函数 $y = f(x) = \sqrt[3]{x}$ 在区间 $(-\infty, +\infty)$ 内连续,但在点 $x = 0$ 处不可导.

解 $\because y' = (\sqrt[3]{x})'$

$$= (x^{\frac{1}{3}})'$$

$$= \frac{1}{3} x^{-\frac{2}{3}}$$

$$= \frac{1}{3 \cdot \sqrt[3]{x^2}}$$

显然,当 $x = 0$ 时,$y' = \infty$,即导数不存在. 从几何图形上以直观地可看到:曲线 $y = \sqrt[3]{x}$ 在原点 O 处具有垂直于 x 轴的切线 $x = 0$(见图 3-1-6).

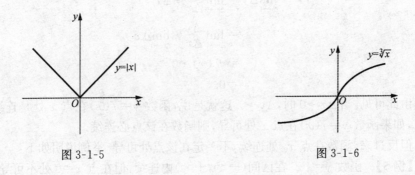

图 3-1-5　　　　　　　　　　　　图 3-1-6

由以上讨论可知,函数连续是函数可导的必要条件,但不是充分条件.

练习 3-1

1. 利用导数定义求函数 $y = 1 - 2x^2$ 在点 $x = 1$ 处的导数.

2. 利用导数定义求下列函数的导数.

(1) $y = 1 - 2x^2$; (2) $y = \dfrac{1}{x^2}$; (3) $y = \sqrt[3]{x^2}$.

3. 一物体的运动方程是 $s=t^3+10$，求该物体在 $t=3$ 时的瞬时速度.

4. 求曲线 $y=\sqrt[3]{x^2}$ 上点 $(1,1)$ 处的切线方程和法线方程.

5. 讨论函数 $f(x)=\begin{cases} x^2+1 & 0\leqslant x<1 \\ 3x-1 & x\geqslant 1 \end{cases}$ 在点 $x=1$ 处的可导性.

3-2　导数的基本公式与运算法则

由导数定义可知:求函数 $y=f(x)$ 的导数 $f'(x)$ 可按以下 3 个步骤进行.

(1) 求函数的增量: $\Delta y=f(x+\Delta x)-f(x)$.

(2) 计算比值: $\dfrac{\Delta y}{\Delta x}=\dfrac{f(x+\Delta x)-f(x)}{\Delta x}$.

(3) 取极限: $f'(x)=\lim\limits_{x\to x_0}\dfrac{\Delta y}{\Delta x}$

$$=\lim_{\Delta x\to 0}\frac{f(x+\Delta x)-f(x)}{\Delta x}.$$

下面根据导数定义求一些简单函数的导数.

一、常数的导数

【例1】　求函数 $y=c$（c 为常数）的导数.

解　因为 $y=c$ 为常数，

所以 $\Delta y=0, \dfrac{\Delta y}{\Delta x}=0, f'(x)=\lim\limits_{x\to x_0}\dfrac{\Delta y}{\Delta x}=0$

即 $(c)'=0$.

文字叙述就是:常数的导数等于零.

对于利用导数定义求导的 3 个步骤熟练后可以合成一步.

二、正、余弦函数的导数

【例2】　求函数 $y=\sin x$ 的导数.

解　$f'(x)=\lim\limits_{\Delta x\to 0}\dfrac{\Delta y}{\Delta x}$

$$=\lim_{\Delta x\to 0}\frac{\sin(x+\Delta x)-\sin x}{\Delta x}$$

$$=\lim_{\Delta x\to 0}\frac{2\cos\dfrac{2x+\Delta x}{2}\sin\dfrac{\Delta x}{2}}{\Delta x}$$

$$=\lim_{\Delta x \to 0}\frac{\sin\frac{\Delta x}{2}}{\frac{\Delta x}{2}}\cos\left(x+\frac{\Delta x}{2}\right)=\cos x$$

即 $(\sin x)'=\cos x$

就是说,正弦函数的导数是余弦函数.

用同样的方法可以求出 $(\cos x)'=-\sin x.$

就是说,余弦函数的导数是负的正弦函数.

三、指数函数的导数

【例3】 求函数 $y=a^x(a>0,a\neq1)$ 的导数.

解 $f'(x)=\lim_{\Delta x \to 0}\dfrac{\Delta y}{\Delta x}$

$$=\lim_{\Delta x \to 0}\frac{a^{x+\Delta x}-a^x}{\Delta x}$$

$$=a^x\lim_{\Delta x \to 0}\frac{a^{\Delta x}-1}{\Delta x}$$

$$=a^x\lim_{\Delta x \to 0}\frac{e^{\Delta x\ln a}-1}{\Delta x}(当 \Delta x \to 0 时,e^{\Delta x\ln a}-1 与 \Delta x\ln a 是等价无穷小)$$

$$=a^x\lim_{\Delta x \to 0}\frac{\Delta x\ln a}{\Delta x}$$

$$=a^x\ln a$$

即 $(a^x)'=a^x\ln a$

特别地 $(e^x)'=e^x$

即以 e 为底的指数函数的导数就是它自己,这是以 e 为底的指数函数的一个重要特征.

以上几个函数的导数公式,同学们应熟记.

由于函数在一点处的导数就是导函数在该点处的函数值,所以要计算已给函数在某点处的导数,一般先求出已给函数的导函数,然后再求导函数在该点处的函数值即可.

【例4】 求下列函数在指定点处的导数.

(1) $y=\dfrac{1}{\sqrt{x}},x=4$;   (2) $y=\sin x,x=\dfrac{\pi}{6}$;

(3) $y=\cos x,x=\dfrac{\pi}{3}$;   (4) $y=3^x,x=2.$

解   (1) 因为 $y'=\left(\dfrac{1}{\sqrt{x}}\right)'=(x^{-\frac{1}{2}})'$

$$= -\frac{1}{2}x^{-\frac{1}{2}-1} = -\frac{1}{2}x^{-\frac{3}{2}}$$

$$= -\frac{1}{2x\sqrt{x}}$$

所以 $\quad y'\big|_{x=4} = -\dfrac{1}{2\times 4\times\sqrt{4}} = -\dfrac{1}{16}.$

(2) 因为 $\quad y' = (\sin x)' = \cos x$

所以 $\quad y'\big|_{x=\frac{\pi}{6}} = \cos\dfrac{\pi}{6} = \dfrac{\sqrt{3}}{2}$

(3) 因为 $\quad y' = (\cos x)' = -\sin x$

所以 $\quad y'\big|_{x=\frac{\pi}{3}} = -\sin\dfrac{\pi}{3} = -\dfrac{\sqrt{3}}{2}$

(4) 因为 $\quad y' = (3^x)' = 3^x\ln 3$

所以 $\quad y'\big|_{x=2} = 3^2\ln 3 = 9\ln 3.$

四、导数的运算法则

前面我们根据导数的定义,求出了一些简单函数的导数. 但是,对于比较复杂的函数,直接根据定义来求它们的导数不仅繁琐,往往也很困难. 为了能迅速而准确地求出初等函数的导数,在这里介绍几个求导数的基本法则,并给出所有基本初等函数的导数公式.

如果函数 $u = u(x), v = v(x)$ 在点 x 处具有导数 $u' = u'(x), v' = v'(x)$,则这两个函数的和、差、积、商在点 x 处也可导,且有

法则 1 两个函数代数和的导数,等于各个函数导函数的代数和.

即 $\quad (u\pm v)' = u'\pm v'.$

此法则可以推广到有限个函数的代数和的情形:$(u\pm v\pm w)' = u'\pm v'\pm w'.$

法则 2 两个函数乘积的导数,等于第一个函数的导数乘以第二个函数再加上第二个函数的导数乘以第一个函数.

即 $\quad (uv)' = u'v + uv'$

推论 1 $\quad (cu)' = cu'$ $\quad$(c 为常数)

就是说:常数因子可提到求导记号外面去. 此法则可推广到有限多个函数乘积的情形.

$$(uvw)' = u'vw + uv'w + uvw'$$

法则 3 两个函数商的导数等于分子的导数乘以分母减去分子乘以分母的导数,然后除以分母的平方.

即　　$\left(\dfrac{u}{v}\right)'=\dfrac{u'v-uv'}{v^2}$　　　$(v\neq 0)$

推论 2　$\left(\dfrac{c}{v}\right)'=-\dfrac{cv'}{v^2}$　　（c 为常数）

以上各法则的证明类似,同学们可以自己证明.

【例 5】　求下列函数的导数.

(1) $y=x^3-\sqrt{3}x+\pi$;　　　　　(2) $y=\dfrac{1}{x}-3\sin x+2\cos x$;

(3) $y=x^2\cdot e^x$;　　　　　　　(4) $y=\dfrac{2x}{x^3-x}$.

解　(1) $y'=(x^3-\sqrt{3}x+\pi)'$
$$=(x^3)'-\sqrt{3}(x^{\frac{1}{2}})'+(\pi)'$$
$$=3x^2-\dfrac{\sqrt{3}}{2}x^{-\frac{1}{2}}$$
$$=3x^2-\dfrac{\sqrt{3}}{2\sqrt{x}}$$

(2) $y'=\left(\dfrac{1}{x}-3\sin x+2\cos x\right)'$
$$=\left(\dfrac{1}{x}\right)'-3(\sin x)'+2(\cos x)'$$
$$=-\dfrac{1}{x^2}-3\cos x-2\sin x$$

(3) $y'=(x^2\cdot e^x)'$
$$=(x^2)'\cdot e^x+x^2\cdot(e^x)'$$
$$=2x\cdot e^x+x^2\cdot e^x$$

(4) $y'=\left(\dfrac{2x}{x^3-x}\right)'$
$$=\dfrac{2x'(x^3-x)-2x(x^3-x)'}{(x^3-x)^2}$$
$$=\dfrac{2(x^3-x)-2x(3x^2-1)}{(x^3-x)^2}$$
$$=\dfrac{-4x^3}{(x^3-x)^2}=\dfrac{-4x}{(x^2-1)^2}$$

【例 6】　求 $y=\tan x$ 函数的导数.

解　$y'=(\tan x)'$
$$=\left(\dfrac{\sin x}{\cos x}\right)'$$

$$= \frac{(\sin x)' \cos x - \sin x (\cos x)'}{(\cos x)^2}$$

$$= \frac{\cos^2 x + \sin^2 x}{\cos^2 x}$$

$$= \frac{1}{\cos^2 x}$$

$$= \sec^2 x$$

这就是正切函数的导数公式.

【例 7】 求 $y = \sec x$ 函数的导数.

解 $y' = (\sec x)'$

$$= \left(\frac{1}{\cos x} \right)'$$

$$= -\frac{(\cos x)'}{\cos^2 x}$$

$$= \frac{\sin x}{\cos^2 x}$$

$$= \sec x \cdot \tan x$$

这就是正割函数的导数公式.

用类似的方法,我们可以求得余切函数与余割函数的导数公式:

$$(\cot x)' = -\csc^2 x$$

$$(\csc x)' = -\csc x \cdot \cot x$$

【例 8】 设函数 $y = \tan x + 3\cot x$,求 y'.

解 $y' = (\tan x + 3\cot x)'$

$$= (\tan x)' + 3(\cot x)'$$

$$= \sec^2 x - 3\csc^2 x$$

【例 9】 求下列函数在给定点处的导数.

(1) $f(x) = 3x^2 - x\sin x, f'(\pi)$.

(2) $f(x) = \frac{\cos x}{1 + \sin x}, f'\left(\frac{\pi}{4} \right), f'\left(\frac{\pi}{2} \right)$.

解 (1) $f'(x) = (3x^2 - x\sin x)'$

$$= 3(x^2)' - [x'\sin x + x(\sin x)']$$

$$= 6x - \sin x - x\cos x$$

$$f'(\pi) = 6\pi - \sin\pi - \pi\cos\pi$$

$$= 6\pi - 0 + \pi$$

$$= 7\pi$$

(2) $f'(x) = (\dfrac{\cos x}{1+\sin x})'$

$$= \frac{(\cos x)'(1+\sin x) - \cos x(1+\sin x)'}{(1+\sin x)^2}$$

$$= \frac{-\sin x(1+\sin x) - \cos^2 x}{(1+\sin x)^2}$$

$$= \frac{-\sin x - \sin^2 x - \cos^2 x}{(1+\sin x)^2}$$

$$= \frac{-\sin x - 1}{(1+\sin x)^2}$$

$$= -\frac{1}{1+\sin x}$$

$$f'\left(\frac{\pi}{4}\right) = -\frac{1}{1+\sin\frac{\pi}{4}}$$

$$= -\frac{1}{1+\frac{\sqrt{2}}{2}}$$

$$= -\frac{2}{2+\sqrt{2}}$$

$$= -\frac{2(2-\sqrt{2})}{2}$$

$$= \sqrt{2} - 2$$

$$f'\left(\frac{\pi}{2}\right) = -\frac{1}{1+\sin\frac{\pi}{2}}$$

$$= -\frac{1}{2}$$

五、导数的基本公式

前面我们通过举例的方式,已经导出了若干个基本初等函数的导数公式和求导法则,为了方便记忆和应用,现小结如下:

1. 导数的基本公式

(1) $(c)' = 0$;　　　　　　　　(2) $(x^a)' = ax^{a-1}$;

(3) $(\sin x)' = \cos x$;　　　　　(4) $(\cos x)' = -\sin x$;

(5) $(\tan x)' = \sec^2 x$;　　　　(6) $(\cot x)' = -\csc^2 x$;

(7) $(\sec x)' = \sec x \tan x$;　　(8) $(\csc x)' = -\csc x \cot x$;

(9) $(a^x)' = a^x \ln a$; (10) $(e^x)' = e^x$;

(11) $(\log_a x)' = \dfrac{1}{x \ln a}$; (12) $(\ln x)' = \dfrac{1}{x}$;

(13) $(\arcsin x)' = \dfrac{1}{\sqrt{1-x^2}}$; (14) $(\arccos x)' = -\dfrac{1}{\sqrt{1-x^2}}$;

(15) $(\arctan x)' = \dfrac{1}{1+x^2}$; (16) $(\operatorname{arccot} x)' = -\dfrac{1}{1+x^2}$.

2. 导数的四则运算法则

(1) $(u \pm v)' = u' \pm v'$;

(2) $(uv)' = u'v + uv'$;

(3) $\left(\dfrac{u}{v}\right)' = \dfrac{u'v - uv'}{v^2} \ (v \neq 0)$.

推论：(1) $(cu)' = cu'$ （c 为常数）;

(2) $\left(\dfrac{c}{v}\right)' = -\dfrac{cv'}{v^2}$ （c 为常数）.

练习 3-2

求下列各函数的导数：

(1) $y = 3x^2 - x + 5$; (2) $y = 2\sqrt{x} - \dfrac{1}{x} + 3\sqrt{7}$; (3) $y = \dfrac{1 - x^3}{\sqrt{x}}$;

(4) $y = x^2(2x - 1)$; (5) $y = x \ln x$; (6) $y = \dfrac{x}{1 - \cos x}$.

3-3　复合函数的导数

因为 $(\sin x)' = \cos x$, 是否可以类似地写出 $(\sin 2x)' = \cos 2x$ 呢？

由三角函数的倍角公式可知 $\sin 2x = 2\sin x \cos x$

$$(\sin 2x)' = 2[(\sin x)'\cos x + \sin x(\cos x)']$$
$$= 2(\cos^2 x - \sin^2 x)$$
$$= 2\cos 2x$$

显然，$(\sin 2x)' \neq \cos 2x$. 这是因为 $\sin 2x$ 不是基本初等函数而是一个复合函数，对于复合函数的求导问题借助于下面的重要法则可以得到解决，从而使可以求得导数的函数范围得到很大的扩充.

复合函数求导法则　如果 $u = \varphi(x)$ 是 x 的可导函数，而 $y = f(u)$ 是 u 的可导函数，则复合函数 $y = f[\varphi(x)]$ 是 x 的可导函数，且其导数为

$$y'(x)=f'(u) \cdot \varphi'(x) \ 或 \ \frac{\mathrm{d}y}{\mathrm{d}x}=\frac{\mathrm{d}y}{\mathrm{d}u} \cdot \frac{\mathrm{d}u}{\mathrm{d}x}.$$

注意 (1) 复合函数由里到外逐次复合,求导时由外到里逐次求导,一定要求到底,不要有遗漏.

(2) 对复合函数的分解比较熟练后,可以不必再写出中间变量,而可以采用下列例题的方法来计算.

上述复合函数的求导法则亦称为链式法则. 从变化率的角度来看,链式法则是非常容易理解的,假设在同一点 u 处, y 关于 u 的变化率为 a,而 u 关于 x 的变化率是 b,那么显然的, y 关于 x 的变化率应为 $a \cdot b$,即 $\frac{\mathrm{d}y}{\mathrm{d}u} \cdot \frac{\mathrm{d}u}{\mathrm{d}x}$.

推广:若 $y=f(u)$ 而 $u=\varphi(v), v=\varphi(x)$,且这三个函数都可导,则复合函数 $y=f\{\varphi[\Psi(x)]\}$ 的导数为 $\frac{\mathrm{d}y}{\mathrm{d}x}=$

$$\frac{\mathrm{d}y}{\mathrm{d}u} \cdot \frac{\mathrm{d}u}{\mathrm{d}v} \cdot \frac{\mathrm{d}v}{\mathrm{d}x}.$$

这就是复合函数的求导公式.

【例1】 求下列函数的导数.

(1) $y=\sin x^2$;　　　　　　(2) $y=\cos^2 x$;

(3) $y=\ln\tan x$;　　　　　　(4) $y=\sqrt{2-3x^2}$.

解 (1) $y=\sin x^2$ 是由 $y=\sin u$ 和 $u=x^2$ 复合而成,因此

$$\begin{aligned}
\frac{\mathrm{d}y}{\mathrm{d}x} &= \frac{\mathrm{d}y}{\mathrm{d}u} \cdot \frac{\mathrm{d}u}{\mathrm{d}x} \\
&= (\sin u)' \cdot (x^2)' \\
&= \cos u \cdot 2x \\
&= 2x \cdot \cos x^2
\end{aligned}$$

(2) $y=\cos^2 x$ 是由 $y=u^2$ 和 $u=\cos x$ 复合而成,因此

$$\begin{aligned}
\frac{\mathrm{d}y}{\mathrm{d}x} &= \frac{\mathrm{d}y}{\mathrm{d}u} \cdot \frac{\mathrm{d}u}{\mathrm{d}x} \\
&= (u^2)' \cdot (\cos x)' \\
&= 2u \cdot (-\sin x) \\
&= -2\cos x \cdot \sin x \\
&= -\sin 2x
\end{aligned}$$

(3) $y=\ln\tan x$ 是由 $y=\ln u$ 和 $u=\tan x$ 复合而成,因此

$$\begin{aligned}
\frac{\mathrm{d}y}{\mathrm{d}x} &= \frac{\mathrm{d}y}{\mathrm{d}u} \cdot \frac{\mathrm{d}u}{\mathrm{d}x} \\
&= (\ln u)' \cdot (\tan x)' \\
&= \frac{1}{u} \cdot \sec^2 x
\end{aligned}$$

$$= \frac{1}{\tan x} \cdot \sec^2 x$$

$$= \sec x \cdot \csc x$$

(4) $y = \sqrt{2-3x^2}$ 是由 $y = \sqrt{u}$ 和 $u = 2-3x^2$ 复合而成,因此

$$\frac{\mathrm{d}y}{\mathrm{d}x} = \frac{\mathrm{d}y}{\mathrm{d}u} \cdot \frac{\mathrm{d}u}{\mathrm{d}x}$$

$$= (\sqrt{u})' \cdot (2-3x^2)'$$

$$= \frac{1}{2} u^{-\frac{1}{2}} \cdot (0-6x)$$

$$= -\frac{3x}{\sqrt{2-3x^2}}$$

由上面的例题可知,应用复合函数求导法则时,必须先搞清楚复合函数的复合过程,或者说,所给函数能分解成哪些函数,然后就可以利用导数的四则运算法则、基本求导公式和复合函数的求导法则求它们的导数.

【例 2】 已知函数 $y = \ln(x + \sqrt{x^2+1})$,求 y'.

解 $y' = [\ln(x + \sqrt{x^2+1})]'$

$$= \frac{1}{x + \sqrt{x^2+1}} (x + \sqrt{x^2+1})'$$

$$= \frac{1}{x + \sqrt{x^2+1}} \left[1 + \frac{1}{2}(x^2+1)^{-\frac{1}{2}}(2x) \right]$$

$$= \frac{1}{x + \sqrt{x^2+1}} \left(1 + \frac{x}{\sqrt{x^2+1}} \right)$$

$$= \frac{1}{\sqrt{x^2+1}}$$

【例 3】 已知函数 $y = \ln\sin x$,求 y'.

解 $y' = (\ln\sin x)'$

$$= \frac{1}{\sin x}(\sin x)'$$

$$= \frac{1}{\sin x} \cdot \cos x$$

$$= \cot x$$

在复合函数求导时,有时需要先利用代数恒等变换或三角恒等变换将函数化简,然后再求导,这样可以简化计算.

【例 4】 设函数 $y = \dfrac{1}{x - \sqrt{x^2-1}}$,求 y'.

解 将分母有理化,得

$$y = x + \sqrt{x^2 - 1}$$

$$y' = (x + \sqrt{x^2 - 1})'$$

$$= x' + (\sqrt{x^2 - 1})'$$

$$= 1 + \frac{1}{2}(x^2 - 1)^{-\frac{1}{2}}(x^2 - 1)'$$

$$= 1 + \frac{2x}{2\sqrt{x^2 - 1}}$$

$$= 1 + \frac{x}{\sqrt{x^2 - 1}}$$

【例5】 设函数 $y = \dfrac{1 - \cos x}{1 + \cos x}$,求 y'.

解 因为 $y = \dfrac{2\sin^2 \dfrac{x}{2}}{2\cos^2 \dfrac{x}{2}} = \tan^2 \dfrac{x}{2}$

所以 $y' = 2\tan \dfrac{x}{2}\left(\tan \dfrac{x}{2}\right)'$

$$= 2\tan \frac{x}{2}\sec^2 \frac{x}{2}\left(\frac{x}{2}\right)'$$

$$= \tan \frac{x}{2}\sec^2 \frac{x}{2}$$

此题所给的函数也可以用商的求导法则直接求导.

现在我们已会求常数函数,幂函数,三角函数,反三角函数,指数函数和对数函数的导数(求导公式见本章第三节),即基本初等函数的导数我们都已经会求了.在此基础上,再借助于函数的和、差、积、商的求导法则以及复合函数的求导法则,我们就能比较方便地求出常见的函数——初等函数的导数.

练习 3-3

求下列各函数的导数:

(1) $y = (1 + x^2)^5$;　　(2) $y = (3x + 5)^3(5x + 4)^5$;　　(3) $y = \ln\sqrt{x} + \sqrt{\ln x}$;

(4) $y = \sin x^3$;　　　　(5) $y = \sin 3x$;　　　　　　(6) $y = \sin^3 x$;

(7) $y = \ln\ln x$.

3-4 隐函数的导数

一、隐函数的概念

函数 $y=f(x)$ 表示两个变量 y 与 x 之间的对应关系,这种对应关系可以用各种不同的方式表达. 前面我们遇到的函数,例如 $y=x^2$,$y=\sin 2x$ 等,它们的表达方式的特点是,直接给出由自变量的取值 x 求因变量的对应值 y 的规律. 用这种方式表达的函数叫做显函数. 有些函数的表达方式却不是这样,例如,方程 $x^2+y^2=1$ 也可表示一个函数,因为当变量 x 在 $(-\infty,+\infty)$ 内取值时,变量 y 有确定的值与之对应. 例如:当 $x=0$ 时,$y=\pm 1$;$x=\pm 1$ 时,$y=0$;又如方程 $xy-e^x+e^y=0$ 等. 这样的函数称为隐函数.

一般地,x、y 之间的函数关系可以由含有 x、y 的方程 $F(x,y)=0$ 所确定,那么就说 y 是 x 的一个隐函数.

把一个隐函数化成显函数,叫做隐函数的显化. 例如从方程 $x^2+y^2=1$ 解出 $y=\pm\sqrt{1-x^2}$,就把隐函数化成了显函数($y\geqslant 0$ 时,$y=\sqrt{1-x^2}$;$y<0$ 时,$y=-\sqrt{1-x^2}$). 但隐函数的显化有时是很困难的,甚至是不可能的. 例如,方程 $xy-e^x+e^y=0$. 所确定的隐函数就很难用显式表达出来.

二、隐函数求导举例

在实际问题中,有时需要计算隐函数的导数. 因此,我们希望有一种方法,无须对隐函数进行显化,而直接由方程算出它所确定的隐函数的导数. 方程两端直接对 x 求导,把方程中含有 y 的项看做复合函数,视 y 为中间变量,按照复合函数的求导法则求导. 下面我们通过具体例子说明这种方法.

【例 1】 求由方程 $F(x,y)=0$ 所确定的隐函数 $y=f(x)$ 的导数 $\dfrac{\mathrm{d}y}{\mathrm{d}x}$.

(1) $x^2+y^2=1$;　　　　(2) $xy-e^x+e^y=0$.

(1) **解** 因为 y 是 x 的函数,

应用复合函数的求导法则,方程 $x^2+y^2=1$ 两端同时对 x 求导,可得

$$2x+2y\frac{\mathrm{d}y}{\mathrm{d}x}=0$$

由上式解出 $\dfrac{\mathrm{d}y}{\mathrm{d}x}$ 得 $\dfrac{\mathrm{d}y}{\mathrm{d}x}=-\dfrac{x}{y}$:

(2) **解** 因为 y 是 x 的函数,所以 e^y 是 x 的复合函数函数,应用复合函数的

求导法则,方程 $xy-e^x+e^y=0$ 两端同时对 x 求导,可得

$$y+x\frac{dy}{dx}-e^x+e^y\frac{dy}{dx}=0$$

由上式解出 $\frac{dy}{dx}$ 得:$\frac{dy}{dx}=\frac{e^x-y}{x+e^y}$ $(x+e^y\neq 0)$

【例 2】 求由方程 $xy^2+2x^2y^3=20$ 所确定的隐函数 $y=f(x)$ 在 $x=1$ 的导数 $\frac{dy}{dx}\Big|_{x=1}$.

解 将方程 $xy^2+2x^2y^3=20$ 两端同时对 x 求导(y^2,y^3 是 x 的复合函数),可得

$$y^2+2xyy'+4xy^3+6x^2y^2y'=0$$
$$y'(2xy+6x^2y^2)=-4xy^3-y^2$$
$$y'=\frac{-y^2-4xy^3}{2xy+6x^2y^2}$$
$$=-\frac{y+4xy^2}{2x+6x^2y}$$

由 $x=1$,从原方程中解得 $y=2$,将 $x=1,y=2$ 代入上式右端,得

$$\frac{dy}{dx}\Big|_{\substack{x=1\\y=2}}=-\frac{9}{7}$$

【例 3】 求椭圆 $\frac{x^2}{16}+\frac{y^2}{9}=1$ 在点 $\left(2,\frac{3}{2}\sqrt{3}\right)$ 处的切线、法线方程.

解 由导数的几何意义可知,所求切线的斜率为

$$k_{切}=y'|_{x=2},法线斜率为 k_{法}=-\frac{1}{k_{切}}=-\frac{1}{y'|_{x=2}}$$

在椭圆方程两边同时对 求导,得

$$\frac{x}{8}+\frac{2yy'}{9}=0$$

从而 $\frac{dy}{dx}=-\frac{9x}{16y}$

将 $x=2,y=\frac{3}{2}\sqrt{3}$ 代入上式,得

$$k_{切}=y'|_{x=2}=-\frac{\sqrt{3}}{4},k_{法}=-\frac{1}{k_{切}}=\frac{4\sqrt{3}}{3}$$

于是所求的切线方程为 $y-\frac{3\sqrt{3}}{2}=-\frac{\sqrt{3}}{4}(x-2)$

即 $\sqrt{3}x+4y-8\sqrt{3}=0$

所求的法线方程为 $y-\dfrac{3\sqrt{3}}{2}=\dfrac{4\sqrt{3}}{3}(x-2)$

即 $8\sqrt{3}x-6y-7\sqrt{3}=0$

【例 4】 求 $y=x^{2x}$ 的导数.

解 这个函数既不是幂函数也不是指数函数,通常称为幂指函数. 为了求出这个函数的导数,可以先在两边取对数,得

$\ln y=2x\ln x$

上式两边对 x 求导,注意到 y 是 x 的函数,得

$$\frac{1}{y}\cdot y'=2\ln x+2x\cdot\frac{1}{x}$$

$$y'=2y(\ln x+1)$$

$$=2(\ln x+1)\cdot x^{2x}$$

> 所谓的取对数求导法求一类函数的导数是先在 $y=f(x)$ 的两边取对数,然后用隐函数求导法求出这类函数的导数.

幂指函数的一般形式为 $y=u(x)^{v(x)}[u(x)>0]$,如果 $u(x),v(x)$ 都可导,则可像上例那样利用取对数求导法求出幂指函数的导数.

【例 5】 求函数 $y=\sqrt{\dfrac{(x-1)(x+2)}{(x-3)(x-4)}}$ 的导数.

解 将等式两边取自然对数,得

$$\ln y=\frac{1}{2}[\ln(x-1)+\ln(x+2)-\ln(x-3)-\ln(x-4)]$$

将上式两端同时对 x 求导,得

$$\frac{1}{y}y'=\frac{1}{2}\left(\frac{1}{x-1}+\frac{1}{x+2}-\frac{1}{x-3}-\frac{1}{x-4}\right)$$

于是 $y'=\dfrac{1}{2}y\left(\dfrac{1}{x-1}+\dfrac{1}{x+2}-\dfrac{1}{x-3}-\dfrac{1}{x-4}\right)$

$$=\frac{1}{2}\sqrt{\frac{(x-1)(x+2)}{(x-3)(x-4)}}\left(\frac{1}{x-1}+\frac{1}{x+2}-\frac{1}{x-3}-\frac{1}{x-4}\right)$$

练习 3-4

1. 求下列各函数的导数:(1) $x^2+y^2-xy=1$; (2) $y=x+\ln y$; (3) $y=1+xe^y$.

2. 求下列各函数的导数:(1) $y=x\sqrt{\dfrac{1-x}{1+x}}$; (2) $y=(\tan x)^{\sin x}$.

3. 求曲线 $y^3+y^2=2x$ 在点 $(1,1)$ 处的切、法线方程.

3-5　二阶导数

一、二阶导数的概念

在第二节中说过,如果函数 $y = f(x)$ 在区间 (a, b) 内可导,则其导数 $y' = f'(x)$ 仍是 x 的函数. 如果这个函数 $y' = f'(x)$ 在 (a, b) 仍然是可导的,则其导数称为函数 $y = f(x)$ 的二阶导数,记作 y'',$f''(x)$,或 $\dfrac{\mathrm{d}^2 y}{\mathrm{d} x^2}$,即 $f''(x) = [f'(x)]'$,$\dfrac{\mathrm{d}^2 y}{\mathrm{d} x^2} = \dfrac{\mathrm{d}}{\mathrm{d} x}\left(\dfrac{\mathrm{d} y}{\mathrm{d} x}\right)$.

类似地,二阶导数 y'' 的导数,叫做 $y = f(x)$ 的三阶导数,记作 y''',$f'''(x)$,或 $\dfrac{\mathrm{d}^3 y}{\mathrm{d} x^3}$,;三阶导数 y''' 的导数,叫做 $y = f(x)$ 的四阶导数,记作 $y^{(4)}$,$f^{(4)}(x)$,或 $\dfrac{\mathrm{d}^4 y}{\mathrm{d} x^4}$. 一般地,$y = f(x)$ 的 $(n-1)$ 阶导数的导数,叫做 $y = f(x)$ 的 n 阶导数,记作 $y^{(n)}$,$f^{(n)}(x)$,或 $\dfrac{\mathrm{d}^n y}{\mathrm{d} x^n}$.

二阶及二阶以上的导数统称为高阶导数. 相对于高阶导数来说,$y = f(x)$ 的导数就称为 $y = f(x)$ 的一阶导数,并且我们约定 $f^{(0)}(x) = f(x)$.

在第一节中讲过作直线运动的点的速度的概念. 如果点的运动由位置函数(或运动方程)$s = s(t)$ 表示,则速度 $v = s'(t) = v(t)$,而加速度是速度关于时间的变化率,因此加速度 $a = v'(t) = s''(t)$. 所以,加速度是位置函数 $s = s(t)$ 对时间的二阶导数.

二、举例

> 求高阶导数的方法为:从一阶导数开始,多次接连地求一阶导数即可. 所以只需应用前面学过的求导方法就能计算高阶导数.

【例1】 求下列函数的二阶导数.

(1) $y = x^4 + x^3 - x^2$;

(2) $y = \dfrac{2x^2 - 3\sqrt{x} + 5}{x}$.

解 (1) $y' = (x^4)' + (x^3)' - (x^2)'$

　　　　　$= 4x^3 + 3x^2 - 2x$

　　　　$y'' = 12x^2 + 6x - 2$

(2) 因为　$y = 2x - 3x^{-\frac{1}{2}} + 5x^{-1}$

　　所以　$y' = 2x' - 3\left(x^{-\frac{1}{2}}\right)' + 5\left(x^{-1}\right)'$

$$=2+\frac{3}{2}x^{-\frac{3}{2}}-5x^{-2}$$

$$y''=-\frac{9}{4}x^{-\frac{5}{2}}+10x^{-3}$$

$$=-\frac{9}{4x^2\cdot\sqrt{x}}+\frac{10}{x^3}$$

【例2】 设隐函数 $xe^y+2y-e=0$ 求 y''.

解 两端同时对 x 求导,得

$$e^y+xe^yy'+2y'=0 \tag{1}$$

$$y'=-\frac{e^y}{xe^y+2} \tag{2}$$

由(1)式两端同时对 x 求导,得

$$e^yy'+e^yy'+xy'e^yy'+xe^yy''+2y''=0$$

$$y''=-\frac{e^yy'(2+xy')}{2+xe^y} \tag{3}$$

> 注意:e^y 是 y 的函数,而 y 是 x 的函数,e^y 对 y 求导后,y 还要对 x 求导.

再将(2)式代入(3)式,得

$$y''=\frac{e^{2y}(4+xe^y)}{(2+xe^y)^3}$$

【例3】 已知自由落体运动方程为 $s=\frac{1}{2}gt^2$,求落体的速度 v 和加速度 a.

解 $v=\dfrac{\mathrm{d}s}{\mathrm{d}t}=gt$

$a=\dfrac{\mathrm{d}^2s}{\mathrm{d}t^2}=g$

练习 3-5

1. 求下列函数的二阶导数:

(1) $y=\cos x$;(2) $y=\ln(1-x^2)$;(3) $y=xe^{x^2}$.

2. 已知 $y-xe^y=1$,求 $y''|_{x=0}$.

3. 一物体做直线运动的方程是 $s=ae^{-kt}$,求其速度和加速度.

3-6 微 分

一、微分的概念

先分析一个具体问题. 一块正方形金属薄片因受温度变化的影响,其边长由

x_0 变到 $x_0+\Delta x$,问此薄片的面积改变了多少?

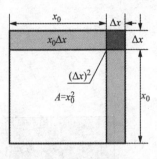

图 3-6-1

设此薄片的边长为 x_0,面积为 A,则 $A=x_0^2$.薄片受温度变化的影响时面积的改变量,可以看成是当自变量 x 自 x_0 取得增量 Δx 时,因变量 A 取得相应的增量 ΔA,即

$$\Delta A=(x_0+\Delta x)^2-x_0{}^2=2x_0\Delta x+(\Delta x)^2$$

从上式可以看出,ΔA 由两部分组成.第一部分 $2x_0\Delta x$ 是 Δx 的线性函数,即图中灰色的两个矩形面积之和,而第二部分 $(\Delta x)^2$ 在图中是黑色的小正方形的面积.当 $\Delta x\to 0$ 时,第二部分 $(\Delta x)^2$ 是比 Δx 高阶的无穷小.由此可见,如果边长改变得很微小,$|\Delta x|$ 很小时,面积的改变量 ΔA 可以近似地用第一部分来代替.

由于 $A'(x_0)=2x\big|_{x=x_0}$

$\qquad\qquad =2x_0$,所以 ΔA 可以写成 $\Delta A\approx A'\Delta x$

这就是说,当自变量在某一点有增量时,函数相应的增量近似地等于函数在该点的导数值与自变量增量的乘积.

定义　设函数 $y=f(x)$ 在某区间内有定义,x_0 及 $x_0+\Delta x$ 在这区间内,若 $\Delta y=f'(x_0)\Delta x+0(\Delta x)$,其中 $f'(x_0)$ 与 Δx 无关,而 $0(\Delta x)$ 是关于 Δx 的高阶无穷小,则称 $y=f(x)$ 在点 x_0 处可微,而 $f'(x_0)\Delta x$ 称为 $y=f(x)$ 在点 x_0 处的微分,

记作 $\mathrm{d}y\big|_{x=x_0}$ 或 $\mathrm{d}f(x)\big|_{x=x_0}$,即 $\mathrm{d}y\big|_{x=x_0}=f'(x_0)\Delta x$

一般地,若函数 $y=f(x)$ 在任意点 x 处可导,则 $f'(x_0)\Delta x$ 叫做 $f(x)$ 在任意点 x 处的微分,记作 $\mathrm{d}y$,即有 $\mathrm{d}y=f'(x)\Delta x$.

【例1】　求函数 $y=x^2$ 在 $x=2,\Delta x=0.02$ 时的微分.

解　先求函数 $y=x^2$ 在任意点 x 处的微分 $\mathrm{d}y=(x)^2\Delta x=2x\Delta x$

再求函数在 $x=2,\Delta x=0.02$ 时的微分

$$\mathrm{d}y\big|_{x=2,\Delta x=0.02}=2x\Delta x\big|_{x=2,\Delta x=0.02}$$
$$=2\times 2\times 0.02=0.08.$$

【例2】　求函数 $y=\sin x$ 的微分.

解　$\mathrm{d}y=(\sin x)'\Delta x=\cos x\Delta x$.

【例3】　求函数 $y=x$ 的微分.

解　$\mathrm{d}y=\mathrm{d}x,\mathrm{d}y=\Delta x$,

由此可知,自变量的增量与自变量的微分相等即 $\Delta x=\mathrm{d}x$.因此,函数 $y=f(x)$ 在任意点 x 处的微分,可记为 $\mathrm{d}y=f'(x)\mathrm{d}x$.

从而有 $\dfrac{\mathrm{d}y}{\mathrm{d}x} = f'(x)$.

这就是说,函数的微分 $\mathrm{d}y$ 与自变量的微分 $\mathrm{d}x$ 之商等于该函数的导数.因此,导数也叫做"微商".

二、微分的几何意义

设函数 $y = f(x)$ 在点 x_0 处可导,$f'(x_0)$ 就是曲线在点 $M(x_0, y_0)$ 处切线 MT 的斜率.若切线的倾角为 α,那么就有 $f'(x_0) = \tan\alpha$.当 x 有增量 Δx 时就得到曲线上与 M 相临近的一点 $N(x_0 + \Delta x, y_0 + \Delta y)$,

由图 3-6-2 可见,$MQ = \Delta x$,$QN = \Delta y$

于是有 $QP = MQ\tan\alpha$

$$= \Delta x f'(x_0) = f'(x_0)\mathrm{d}x = \mathrm{d}y$$

这就说明,函数 $y = f(x)$ 在点 x_0 处的微分 $\mathrm{d}y$ 就是曲线 $y = f(x)$ 在点 $M(x_0, y_0)$ 处切线上纵坐标对应于 Δx 的增量,这就是函数微分的几何意义.

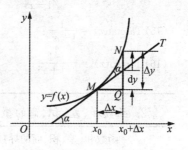

图 3-6-2

三、微分的运算法则

由微分公式 $\mathrm{d}y = f'(x)\mathrm{d}x$ 可知,借助于导数的基本公式和运算法则,可以建立如下微分的基本公式和运算法则.

1. 微分的基本公式

为了便于记忆,列表如下:

导 数 公 式	微 分 公 式
(1) $(c)' = 0$;	(1) $\mathrm{d}(c) = 0$;
(2) $(x^a)' = ax^{a-1}$;	(2) $\mathrm{d}(x^a) = ax^{a-1}\mathrm{d}x$;
(3) $(\sin x)' = \cos x$;	(3) $\mathrm{d}(\sin x) = \cos x\mathrm{d}x$;
(4) $(\cos x)' = -\sin x$;	(4) $\mathrm{d}(\cos x) = -\sin x\mathrm{d}x$;
(5) $(\tan x)' = \sec^2 x$;	(5) $\mathrm{d}(\tan x) = \sec^2 x\mathrm{d}x$;
(6) $(\cot x)' = -\csc^2 x$;	(6) $\mathrm{d}(\cot x) = -\csc^2 x\mathrm{d}x$;
(7) $(\sec x)' = \sec x\tan x$;	(7) $\mathrm{d}(\sec x) = \sec x\tan x\mathrm{d}x$;
(8) $(\csc x)' = -\csc x\cot x$;	(8) $\mathrm{d}(\csc x) = -\csc x\cot x\mathrm{d}x$;
(9) $(a^x)' = a^x\ln a$;	(9) $\mathrm{d}(a^x) = a^x\ln a\mathrm{d}x$;
(10) $(\mathrm{e}^x)' = \mathrm{e}^x$;	(10) $\mathrm{d}(\mathrm{e}^x) = \mathrm{e}^x\mathrm{d}x$;

(续表)

导　数　公　式	微　分　公　式
(11) $(\log_a x)' = \dfrac{1}{x\ln a}$;	(11) $\mathrm{d}(\log_a x) = \dfrac{1}{x\ln a}\mathrm{d}x$;
(12) $(\ln x)' = \dfrac{1}{x}$;	(12) $\mathrm{d}(\ln x) = \dfrac{1}{x}\mathrm{d}x$;
(13) $(\arcsin x)' = \dfrac{1}{\sqrt{1-x^2}}$;	(13) $\mathrm{d}(\arcsin x) = \dfrac{1}{\sqrt{1-x^2}}\mathrm{d}x$;
(14) $(\arccos x)' = -\dfrac{1}{\sqrt{1-x^2}}$;	(14) $\mathrm{d}(\arccos x) = -\dfrac{1}{\sqrt{1-x^2}}\mathrm{d}x$;
(15) $(\arctan x)' = \dfrac{1}{1+x^2}$;	(15) $\mathrm{d}(\arctan x) = \dfrac{1}{1+x^2}\mathrm{d}x$;
(16) $(\operatorname{arccot} x)' = -\dfrac{1}{1+x^2}$;	(16) $\mathrm{d}(\operatorname{arccot} x) = -\dfrac{1}{1+x^2}\mathrm{d}x$.

2. 函数和、差、积、商的微分法则

函数和、差、积、商的导数	函数和、差、积、商的微分
(1) $(u\pm v)' = u' \pm v'$;	(1) $\mathrm{d}(u\pm v) = \mathrm{d}u \pm \mathrm{d}v$;
(2) $(uv)' = u'v + uv'$;	(2) $\mathrm{d}(uv) = v\mathrm{d}u + u\mathrm{d}v$;
(3) $\left(\dfrac{u}{v}\right)' = \dfrac{u'v - uv'}{v^2}$　$(v\neq 0)$.	(3) $\mathrm{d}\left(\dfrac{u}{v}\right) = \dfrac{v\mathrm{d}u - u\mathrm{d}v}{v^2}$　$(v\neq 0)$.

表中 $u=u(x)$, $v=v(x)$ 均可导.

【例 4】 求下列各式的微分.

(1) $y = \sin x + \cos x$; 　　　　(2) $y = x^2\mathrm{e}^x$;

(3) $y = \dfrac{\ln x}{x^3}$.

解　(1) $\mathrm{d}y = \mathrm{d}\sin x + \mathrm{d}\cos x$

$\qquad\qquad = \cos x\mathrm{d}x - \sin x\mathrm{d}x$

$\qquad\qquad = (\cos x - \sin x)\mathrm{d}x$

$\qquad$(2) $\mathrm{d}y = \mathrm{e}^x\mathrm{d}x^2 + x^2\mathrm{d}\mathrm{e}^x$

$\qquad\qquad = 2x\mathrm{e}^x\mathrm{d}x + x^2\mathrm{e}^x\mathrm{d}x$

$\qquad\qquad = (2x + x^2)\mathrm{e}^x\mathrm{d}x$

$\qquad$(3) $\mathrm{d}y = \dfrac{x^3\mathrm{d}\ln x - \ln x\mathrm{d}x^3}{(x^3)^2}$

$$= \frac{x^3 \cdot \dfrac{1}{x} dx - \ln x \cdot 3x^2 dx}{x^6}$$

$$= \frac{(1 - 3\ln x)}{x^4} dx$$

四、微分形式的不变性

根据复合函数的求导法则,下面我们导出复合函数的微分法则:

设 $y = f(u)$,$u = \varphi(x)$,则复合函数 $y = f[\varphi(x)]$ 的微分为

$$dy = \frac{dy}{dx} \cdot dx$$

$$= \frac{dy}{du} \cdot \frac{du}{dx} \cdot dx$$

即 $dy = f'[\varphi(x)]\varphi'(x)dx$

由于 $u = \varphi(x)$,$du = \varphi'(x)dx$,所以,复合函数 $y = f[\varphi(x)]$ 的微分公式也可写成

$$dy = f'(u)du$$

这表明无论 u 是自变量还是中间变量,微分形式 $dy = f'(u)du$ 保持不变,这一性质称为微分形式的不变性.

【例5】 求下列函数的微分.

(1) $y = \sin(2 - 3x)$;   (2) $y = \ln(x^2 - 1)$;

解   (1) 方法 1:利用 $dy = f'(u)du$ 计算

$$dy = [\sin(2 - 3x)]'dx$$

$$= \cos(2 - 3x) \cdot (2 - 3x)'dx$$

$$= -3\cos(2 - 3x)dx$$

方法 2:将 $2 - 3x$ 看成中间变量 u,则有

$$dy = d(\sin u)$$

$$= \cos u du$$

$$= \cos(2 - 3x)d(2 - 3x)$$

$$= -3\cos(2 - 3x)dx$$

(2) $dy = [\ln(x^2 - 1)]'dx$

$$= \frac{1}{x^2 - 1} \cdot (x^2 - 1)'dx$$

$$= \frac{2x}{x^2 - 1}dx$$

【例6】 求函数 $y = e^{1-2x} \cdot \cos x$ 的微分.

解　$dy = d(e^{1-2x} \cdot \cos x)$

　　　　$= \cos x d(e^{1-2x}) + e^{1-2x}d(\cos x)$

　　　　$= \cos x e^{1-2x}(-2)dx + e^{1-2x}(-\sin x)dx$

　　　　$= -(2\cos x + \sin x)e^{1-2x}dx$

【例7】　将适当的函数填到括号内,使等式成立.

(1) $d(\quad) = 2xdx$;　　　　　　(2) $d(\quad) = xdx$;

(3) $d(\quad) = \cos t dt$;　　　　　(4) $d(\quad) = \cos\omega t dt$.

解　(1) 因为 $d(x^2) = 2xdx$

　　　　所以 $2xdx = d(x^2)$

　　　　从而有 $d(x^2 + c) = 2xdx$　　　(c 为任意常数)

　　(2) 由(1)得 $xdx = \dfrac{1}{2}d(x^2)$

　　　　　　　　　　　$= d\left(\dfrac{1}{2}x^2\right)$

　　　　从而有 $d\left(\dfrac{1}{2}x^2 + c\right) = xdx$　　　(c 为任意常数)

　　(3) 因为 $d(\sin x) = \cos x dx$

　　　　所以 $\cos t dt = d(\sin t)$

　　　　从而有 $d(\sin t + c) = \cos t dt$　　　(c 为任意常数)

　　(4) 由(3)得 $\omega\cos\omega t dt = d(\sin\omega t)$

　　　　所以 $\cos\omega t dt = \dfrac{1}{\omega}d(\sin\omega t)$

　　　　　　　　　　　　$= d\left(\dfrac{1}{\omega}\sin\omega t\right)$

　　　　从而有 $d\left(\dfrac{1}{\omega}\sin\omega t + c\right) = \cos\omega t dt$　　　(c 为任意常数)

五、微分的简单应用

1. 微分在近似计算中的应用

在工程计算中,经常会遇到一些复杂的计算公式.如果直接用这些公式进行计算,费时费力.利用微分可以把一些复杂的计算公式用简单的近似公式来代替.

若函数 $y = f(x)$ 在点 x_0 处可导,则当 $|\Delta x|$ 很小时,有

$$\Delta y \approx dy$$

$$\Delta y \approx f'(x_0)dx \tag{1}$$

因为 $\Delta y = f(x_0 + \Delta x) - f(x_0)$

$$所以 \quad f(x_0 + \Delta x) = f(x_0) + \Delta y \tag{2}$$

将(1)代入(2),得

$$f(x_0 + \Delta x) \approx f(x_0) + f'(x_0)\Delta x \tag{3}$$

如果 $f(x_0)$ 和 $f'(x_0)$ 比较好计算,则可利用(1)式近似计算 Δy(函数增量的近似值),或利用(3)式近似计算 $f(x_0 + \Delta x)$(函数值的近似值).

【例8】 半径为 10cm 的金属圆片加热后,半径伸长了 0.05cm,问面积大约增加了多少?

解 设圆的面积为 A,半径为 r,则 $A = \pi r^2$

$$\Delta A \approx dA = 2\pi r dr$$

当 $r = 10, \Delta r = 0.05$ 时

$$\Delta A \approx 2\pi \times 10 \times 0.05$$
$$= \pi cm^2$$

面积大约增加了 πcm^2.

【例9】 计算 $\sin 30°30'$ 的近似值.

解 把 $30°30'$ 化为弧度,得 $30°30' = \dfrac{\pi}{6} + \dfrac{\pi}{360}$

设函数 $f(x) = \sin x, f'(x) = \cos x$

取 $x_0 = \dfrac{\pi}{6}, \Delta x = \dfrac{\pi}{360}$,

则有 $\sin 30°30' = \sin\left(\dfrac{\pi}{6} + \dfrac{\pi}{360}\right)$

$$\approx \sin\frac{\pi}{6} + \cos\frac{\pi}{6} \cdot \frac{\pi}{360}$$

$$= \frac{1}{2} + \frac{\sqrt{3}}{2} \cdot \frac{\pi}{360}$$

$$\approx 0.5076$$

在(3)式中,令 $x_0 = 0, \Delta x = x$,得

$$f(x) \approx f(0) + f'(0)x \tag{4}$$

当 $|x|$ 很小时,用公式(4)可以证明以下几个工程上常用的近似公式:

(1) $\sqrt[n]{1+x} \approx 1 + \dfrac{x}{n}$;

(2) $\sin x \approx x$ (x 用弧度作为单位);

(3) $\tan x \approx x$ (x 用弧度作为单位);

(4) $e^x \approx 1 + x$;

(5) $\ln(1+x) \approx x$.

【例 10】 计算 $\sqrt{1.05}$ 的近似值.

解 因为 $\sqrt{1.05}=\sqrt{1+0.05}$

取 $x=0.05$，利用公式(1)($n=2$)，得

$$\sqrt{1.05}\approx1+\frac{1}{2}\times0.05=1.025$$

如果直接开方，得 $\sqrt{1.05}=1.024\,70\cdots$

比较这两个结果可见，用 1.025 作为 $\sqrt{1.05}$ 的近似值，其误差不超过 0.001. 在一般应用中这样的近似值已是比较精确了，但运算却大大地简化了. 如果开方的次数越高，则更能体现出用微分在进行近似计算中的优越性.

求函数近似值的步骤：

(1) 根据所求数的形式，选择适当的函数 $f(x)$ 并求出 $f'(x)$；

(2) 选择适当的 x_0，使 $f(x_0)$，$f'(x_0)$ 容易求出，而且 $|\Delta x|$ 越小越好；

(3) 计算 $f(x_0)$，$f'(x_0)$ 及 Δx 代入近似公式中，求近似值.

练习 3-6

1. 已知函数 $f(x)=x^2-3x+5$，求当 $x=1$，$\triangle x=0.01$ 时函数的改变量和函数的微分.

2. 计算下列函数的微分：(1) $y=\ln x^3$；(2) $y=\dfrac{x}{1-x^2}$；(3) $y=e^{-x}\cos2x$.

3. 正立方体的棱长 $x=10\text{m}$，如果棱长增加 0.1m，求此正立方体体积增加的近似值.

4. 求下列各式的近似值：(1) $\sqrt[3]{8.02}$；(2) $\cos 60^0\,20'$；(3) $e^{0.05}$.

知识回顾(三)

一、知识范围

1. **导数概念**

导数的定义、左导数与右导数、函数在一点处可导的充分必要条件、导数的几何意义与物理意义、可导与连续的关系.

重点:(1) 导数概念是微分学的基本概念之一. 函数 $y=f(x)$ 的导数定义为 $f'(x)=\lim\limits_{\Delta x \to 0}\dfrac{\Delta y}{\Delta x}=\lim\limits_{\Delta x \to 0}\dfrac{f(x+\Delta x)-f(x)}{\Delta x}$,它表示在点 x 处函数 y 对 x 的变化率. 在自然科学和工程技术的许多问题中,都要涉及变化率(即导数)的概念.

(2) $f'(x)$ 与 $f'(x_0)$ 的关系为:$f'(x_0)=f'(x)\big|_{x=x_0}$.

(3) 导数的几何意义是曲线 $y=f(x)$ 在点 $(x,f(x))$ 处的切线的斜率.

若 $f'(x_0)$ 存在,则曲线 $y=f(x)$ 在点 $(x_0,f(x_0))$ 的切线方程为:

$$y-f(x_0)=f'(x_0)(x-x_0)$$

法线方程(当 $f'(x_0)\neq 0$ 时)为:$y-f(x_0)=-\dfrac{1}{f'(x_0)}(x-x_0)$

2. **求导法则与导数的基本公式**

导数的四则运算、导数的基本公式.

3. **求导方法**

复合函数的求导法、隐函数的求导法、对数求导法.

重点:常见基本初等函数的导数公式和求导运算法则,是常见函数的求导运算的基础,要求熟记.

4. **高阶导数**

高阶导数的定义、高阶导数的计算.

5. **微分**

微分的定义、微分与导数的关系、微分法则、一阶微分形式不变性.

了解微分在近似计算上的中的应用,当 $|\Delta x|$ 很小时,$\Delta y \approx \mathrm{d}y=f'(x)\mathrm{d}x$,因此计算 Δy 的近似值就是计算 $\mathrm{d}y$.

了解公式 $f(x_0+\Delta x) \approx f(x_0)+f'(x_0)\Delta x$、$f(x) \approx f(0)+f'(0)x$ 的应用.

重点:(1)函数 $y=f(x)$ 的微分定义为 $\mathrm{d}y=f'(x)\mathrm{d}x$. 它与 x 和 $\mathrm{d}x$ 两个变量都有关. 当 $f'(x_0)\neq 0$ 时,$\mathrm{d}y$ 是 Δy 的线性主部. 当 $|\Delta x|=|\mathrm{d}x|$ 很小时,有 $\Delta y \approx \mathrm{d}y$. 这是应用微分作近似计算的理论根据.

(2) 求导与求微分是互通的:$\dfrac{dy}{dx}=f'(x)\Leftrightarrow dy=f'(x)dx$. 即可导与可微是等价的. 因此,求导数和微分的方法叫做微分法,导数也叫微商.

二、要求

(1) 理解导数的概念及其几何意义,了解可导性与连续性的关系,掌握用定义求函数在一点处的导数的方法.

(2) 会求曲线上一点处的切线方程与法线方程.

(3) 熟练掌握导数的基本公式、四则运算法则及复合函数的求导方法,会求反函数的导数.

(4) 掌握隐函数求导法、对数求导法.

(5) 理解高阶导数的概念,会求简单函数的二阶导数.

(6) 理解函数的微分概念,掌握微分法则,了解可微与可导的关系,会求函数的一阶微分.

复习题三

A 组

一、填空题

1. 若函数 $y=f(x)$ 在点 $x=10$ 处可导,则根据导数定义,$f'(10)=$ _____.

2. 设函数 $y=f(x)$ 在点 x_0 及其附近有定义,对 x_0 给定增量 Δx,$\Delta y=f(x_0+\Delta x)-f(x_0)$,则 $\dfrac{\Delta y}{\Delta x}$ 是函数在 $[x_0,x_0+\Delta x]$ 上的 _____.

3. $f(x)$ 在 (a,b) 内可导,并且 $f'(x)$ 在 (a,b) 内也可导,那么 $f'(x)$ 的导数称为 $f(x)$ 的 _____,记作 _____.

4. $f'(x_0)$ 表示曲线 $y=f(x)$ 在点 $[x_0,f(x_0)]$ 处的切线的 _____,因而曲线在点 $[x_0,f(x_0)]$ 的切线方程为 _____.

5. $d($ $)=\sin\omega x dx$;$d($ $)=\dfrac{1}{1+x^2}dx$;$xdx=($ $)d(x^2+1)$.

二、判断题(正确的打√,错误的打×)

1. 若函数 $f(x)$ 在点 x_0 处不连续,则 $f(x)$ 在点 x_0 处一定不可导. ( )

2. 若函数 $f(x)$ 在点 x_0 处可导,则 $f(x)$ 在点 x_0 处也一定可微. ( )

3. $\left(\sin x - \cos \dfrac{\pi}{4}\right)' = \cos x + \sin \dfrac{\pi}{4}.$ (　　)

4. $\mathrm{d}\cos(1-x) = -\sin(1-x)\mathrm{d}(1-x) = \sin(1-x)\mathrm{d}x$ (　　)

5. 若 $y = \sin^2 x$，则 $y' = 2\sin x$ (　　)

三、选择题

1. 设 $y = \cos x^3$，则 $y' = ($　　$)$.

A. $y = 3x^2 \sin x$　　B. $y = -3x^2 \sin x^3$　　C. $y = 3\sin^2 x$　　D. $y = -3\cos^2 x \sin x$

2. 抛物线 $y = 3x^2 - 2x + 1$ 在点 $(1,2)$ 处的切线的斜率是($　　$).

A. 2　　　　　　B. 3　　　　　　C. 4　　　　　　D. 5

3. 曲线 $y = \sin x$ 在 $x = \dfrac{\pi}{2}$ 处的切线方程是($　　$).

A. $y = 0$　　　　　B. $y = 1$　　　　　C. $x + y = 1$　　　　D. $x = 0$

4. 设 $y = \mathrm{e}^{\sin x}$，则 $\mathrm{d}y = ($　　$)$.

A. $\mathrm{e}^{\sin x}\mathrm{d}x$　　B. $-\mathrm{e}^{\sin x}\cos x\mathrm{d}x$　　C. $\mathrm{e}^{\sin x}\cos x\mathrm{d}x$　　D. 0

5. $\ln 1.01$ 的近似值是($　　$).

A. 1.01　　　　B. 1　　　　　C. 0.99　　　　D. 0.01

四、解答题

1. 求曲线 $y^2 - y + 2x = 0$ 在点 $(0,1)$ 处的切、法线方程.

2. 求函数 $y = \dfrac{x^2 - 2\sqrt{x} + 3}{\sqrt{x}}$ 的导数.

3. 求函数 $x^2 + 2y - 3y^3 = 4$ 的导数 $y'\Big|_{\substack{x=2 \\ y=1}}$.

4. 求函数 $y = \ln\sin\sqrt{x}$ 的微分.

5. 求 $\cos 151°$ 的近似值.

B 组

一、填空题

1. 如果 $f(x)$ 在点 x_0 处可导，$f'(x_0) = $ _____，当 $f'(x_0) \neq 0$ 时，函数的微分 $\mathrm{d}y = $ _____，这时 $\mathrm{d}y$ 表示函数在点 x_0 处函数增量 Δy 的 _____，当 $\Delta x \to 0$ 时，$\Delta y - \mathrm{d}y$ 是自变量增量 Δx 的 _____ 无穷小量.

2. 当 $f'(x_0) \neq 0$ 时，曲线 $y = f(x)$ 在点 $(x_0, f(x_0))$ 处的法线方程

为_____.

3. 已知 $y=\dfrac{x^2\cdot\sqrt[3]{x^2}}{\sqrt{x^5}}$,则 $y'=$_____.

4. $\mathrm{d}($ $)=\dfrac{1}{1+x}\mathrm{d}x$;($ $)$e^{\cos x}\mathrm{d}x=\mathrm{d}(e^{\cos x})$.

5. $f(x)$ 在点 x_0 可导,当 x 的增量 Δx 的_____很小时,Δy 可以近似用_____表示.

二、判断题(正确的打√,错误的打×)

1. 若函数 $f(x)$ 在点 x_0 处连续,则 $f(x)$ 在点 x_0 处一定可微.（   ）

2. 若函数 $f(x)$ 在点 x_0 处不可导,则曲线 $y=f(x)$ 在点 $(x_0,f(x_0))$ 处没有切线.（   ）

3. 若 $y=f(x)$ 在 $x=0$ 处可微,且 $f(0)=0$,则 $f'(0)=0$.（   ）

4. $\left(\ln\dfrac{1}{x}\right)'=\dfrac{1}{\frac{1}{x}}=x$.（   ）

5. 若 $y=f(x)$ 在 (a,b) 内可导,并且 $f'(x)=0$,$x\in(a,b)$ 那么函数 $y=f(x)$ 是一个常函数.（   ）

三、选择题

1. 设 $y=\cos^3 x$,则 $y'=($ $)$.

A. $y=3x^2\sin x$　B. $y=-3x^2\sin x$　C. $y=3\sin^2 x$　D. $y=-3\cos^2 x\sin x$

2. 设两曲线 $y=ax^2$ 与 $y=\ln x$ 相切,则 $a=($ $)$.

A. $2e$　　B. $\dfrac{1}{2e}$　　C. $\sqrt{2e}$　　D. $\dfrac{1}{\sqrt{2e}}$

3. 设函数 $y=\arctan 3x$,则 $y'\big|_{x=0}=($ $)$.

A. 3　　B. -3　　C. $\dfrac{1}{3}$　　D. $-\dfrac{1}{3}$

4. 设隐函数 $y=2-xe^y$,则 $\mathrm{d}y=($ $)$.

A. $\mathrm{d}y=-\dfrac{e^y}{1-xe^y}\mathrm{d}x$　　　　B. $\mathrm{d}y=\dfrac{e^y}{1-xe^y}\mathrm{d}x$

C. $\mathrm{d}y=-\dfrac{e^y}{1+xe^y}\mathrm{d}x$　　　　D. $\mathrm{d}y=\dfrac{e^y}{1+xe^y}\mathrm{d}x$

5. 设质点运动规律为 $s=2\sin(\dfrac{\pi}{6}t)$,则 $a\big|_{t=3}=($ $)$.

A. $-\dfrac{\pi^2}{18}$　　　　B. 0　　　　C. $\dfrac{\pi^2}{18}$　　　　D. $\dfrac{\pi}{9}$

四、解答题

1. 设曲线 $y=2x^2-3x+4$ 上点 A 处的切线斜率为 17,求点 A 的坐标.

2. 讨论函数 $y=|x-2|$ 在点 $x=2$ 处的可导性.

3. 求曲线 $y=\dfrac{3x^3-2x+1}{x^2+2}$ 在点 $(-1,0)$ 处的切、法线方程.

4. 求函数 $f(x)=\sqrt{1+\ln^2 x}$ 在 $x=$ e 时的导数.

5. 求函数 $\mathrm{e}^{x+y}+x+y^2=1$ 的微分 $\mathrm{d}y$.

阅读材料(三)

数学家的故事
最早提出导数思想的人—费马(Fermat)

　　费马,法国数学家.1601年8月17日生于法国南部博蒙德洛马涅,1665年1月12日卒于卡斯特尔.他利用公务之余钻研数学,在数论、解析几何学、概率论等方面都有重大贡献,被誉为"业余数学家之王".

　　费马最初学习法律,但后来却以图卢兹议会议员的身份终其一生.费马博览群书,精通数国文字,掌握多门自然科学.虽然年近三十才认真注意数学,但成果累累.其1637年提出的费马大定理是数学研究中最著名的难题之一,至今尚未得到解决.

　　费马性情淡泊,为人谦逊,对著作无意发表.去世后,很多论述都遗留在旧纸堆里,或书页的空白处,或在给朋友的书信中.他的儿子将这些汇集成书,在图卢兹出版.

　　费马一生从未受过专门的数学教育,数学研究也不过是业余之爱好.然而,在17世纪的法国还找不到哪位数学家可以与之匹敌:他是解析几何的发明者之一;对于微积分诞生的贡献仅次于牛顿、莱布尼茨,概率论的主要创始人,以及独承17世纪数论天地的人.此外,费马对物理学也有重要贡献.一代数学天才费马堪称是17世纪法国最伟大的数学家.

　　17世纪伊始,就预示了一个颇为壮观的数学前景.而事实上,这个世纪也正是数学史上一个辉煌的时代.几何学首先成了这一时代最引人注目的引玉之明珠.由于几何学的新方法——代数方法在几何学上的应用,直接导致了解析几何的诞生;射影几何作为一种崭新的方法开辟了新的领域;由古代的求积问题导致的极微分割方法引入几何学,使几何学产生了新的研究方向,并最终促进了微积分的发明.几何学的重新崛起是与一代勤于思考、富于创造的数学家是分不开的,费马就是其中的一位.

　　费马于1636年与当时的大数学家梅森、罗贝瓦尔开始通信,对自己的数学工作略有言及.但是《平面与立体轨迹引论》的出版是在费马去世14年以后的事,因而1679年以前,很少有人了解到费马的工作,而现在看来,费马的工作却是开创性的.

　　16、17世纪,微积分是继解析几何之后的最璀璨的明珠.牛顿(英国)和莱布尼茨(德国)总结了前人的工作,经过各自独立的研究,掌握了微分法和积分法,并洞悉了两者之间的联系。因而将他们两人并列为微积分的创始人是完全正确的. 在其之前,至少有数十位科学家为微积分的发明做了奠基性的工作.但在诸多先驱者当中,费马仍然值得一提,主要原因是他为微积分概念的引出提供了与现代形式最接近的启示,以致于在微积分领域,在牛顿和莱布尼茨之后再加上费马作为创立者,也会得到数学界的认可.

4　导数的应用

本章将在导数概念的基础上建立微分学的 3 个中值定理,利用这些定理,我们可以应用导数来研究函数以及曲线的某些性态,如函数的单调性、极值和最值、曲线的凹凸性和拐点等,并应用这些知识解决一些实际问题.

4-1　微分中值定理

一、罗尔(Rolle)定理

1. 罗尔定理

如果函数 $y=f(x)$ 满足:

(1) 在闭区间 $[a,b]$ 上连续,

(2) 在开区间 (a,b) 内可导,

(3) $f(a)=f(b)$,

则在 (a,b) 内至少有一点 ξ,使 $f'(\xi)=0$.

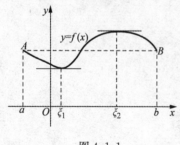

图 4-1-1

2. 几何意义

在两端高度相同的一段连续曲线上,若除端点外它在每一点都有不垂直于 x 轴的切线,则在其中必至少有一条水平切线,如图 4-1-1 所示.

【例 1】　验证罗尔定理对函数 $f(x)=x^3+2x^2+x$ 在区间 $[-1,0]$ 上的正确性,并请求出罗尔定理结论中的 ξ.

解　由初等函数连续性可知 $f(x)$ 在 $[-1,0]$ 上连续,又 $f(x)$ 在 $(-1,0)$ 内可导,且 $f(-1)=f(0)=0$,故 $f(x)$ 在 $[-1,0]$ 上满足罗尔定理的条件. 由于 $f'(x)=3x^2+4x+1$,令 $f'(\xi)=0$,得 $\xi_1=-1$,$\xi_2=-\dfrac{1}{3}$,其中 ξ_2 在 $(-1,0)$ 内,故 $f(x)$ 在 $(-1,0)$ 内有一点 $\xi=-\dfrac{1}{3}$,使 $f'(\xi)=0$ 成立.

二、拉格朗日(Lagrange)中值定理

1. 拉格朗日中值定理

如果函数 $y=f(x)$ 满足：

(1) 在闭区间 $[a,b]$ 上连续，

(2) 在开区间 (a,b) 内可导，

则在 (a,b) 内至少有一点 ξ，使

$$f'(\xi)=\frac{f(b)-f(a)}{b-a}.$$

从这个定理的条件与结论可见，若 $f(x)$ 在 $[a,b]$ 上满足拉格朗日定理的条件，则当 $f(a)=f(b)$ 时，即得出罗尔定理的结论，因此说罗尔定理是拉格朗日定理的一个特殊情形.

2. 几何意义

若连续曲线 $y=f(x)$ 的弧 $\overset{\frown}{AB}$ 上，除端点外的每一点处都有不垂直于 x 轴的切线，则该曲线弧上至少存在一点 C，使曲线在该点处的切线与弦 $\overset{\frown}{AB}$ 平行，如图 4-1-2 所示.

拉格朗日中值定理也可以写成：

$$f(b)-f(a)=f'(\xi)(b-a)$$

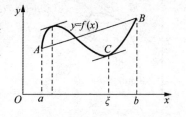

图 4-1-2

该式精确表达了函数在一个区间上的增量与函数在该区间内某点处导数之间的关系.

【例2】 函数 $f(x)=x^2+2x$ 在 $[0,1]$ 上满足拉格朗日定理的条件吗？如果满足，求出使定理成立的 ξ 的值.

解 因为 $f(x)=x^2+2x$ 在闭区间 $[0,1]$ 上连续，且在开区间 $(0,1)$ 内可导，所以满足拉格朗日定理的条件，又 $f'(x)=2x+2$，于是有

$$\frac{f(1)-f(0)}{1-0}=2\xi+2, \quad \xi=\frac{1}{2}\in(0,1).$$

推论 1 若在区间 (a,b) 内恒有 $f'(x)\equiv 0$，则在 (a,b) 内 $f(x)$ 是一个常数.

证 任取 $x_1,x_2\in(a,b)$（不妨设 $x_1<x_2$），则在区间 $[x_1,x_2]$ 上 $f(x)$ 满足拉格朗日中值定理的条件，有

$$f(x_2)-f(x_1)=f'(\xi)(x_2-x_1) \quad (x_1<\xi<x_2)$$

而 $f'(\xi)=0$，所以 $f(x_2)=f(x_1)$，由于 x_1,x_2 为 (a,b) 内任意两点，表明 $f(x)$ 在 (a,b) 内的函数值总是相等，因此 $f(x)$ 在 (a,b) 内为一常数.

推论 2 若在区间 (a,b) 内恒有 $f'(x)=g'(x)$，则在 (a,b) 内 $f(x)-g(x)=C$

(常数).

三、柯西(Cauchy)中值定理

1. 柯西定理

若 $f(x)$ 与 $g(x)$ 满足:

(1) 在 $[a,b]$ 上连续,

(2) 在 (a,b) 内可导且 $g'(x)\neq 0$,

则在 (a,b) 内至少存在一点 ξ,使得

$$\frac{f(b)-f(a)}{g(b)-g(a)}=\frac{f'(\xi)}{g'(\xi)}.$$

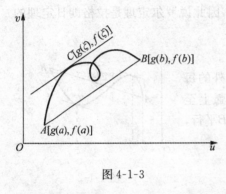

图 4-1-3

2. 几何意义

用参数方程 $\begin{cases}u=g(x)\\v=f(x)\end{cases}x\in[a,b]$ 表示的曲线 AB 上至少有一点,使得在该点的切线平行于曲线两端的弦 AB,如图 4-1-3 所示.

【例 3】 验证柯西中值定理对函数 $f(x)=x^3+x+2$ 及 $g(x)=x^2+1$ 在区间 $[0,1]$ 上的正确性,并求出相应的 ξ 值.

解 因为 $f(x)=x^3+x+2$ 及 $g(x)=x^2+1$ 是多项式函数,所以 $f(x)$ 与 $g(x)$ 在区间 $[0,1]$ 上连续,在 $(0,1)$ 内可导,且在 $(0,1)$ 内 $g'(x)=2x\neq 0$ 故满足柯西中值定理条件,则至少存在一点 $\xi\in(0,1)$,使得

$$\frac{f(1)-f(0)}{g(1)-g(0)}=\frac{f'(\xi)}{g'(\xi)},即\frac{3\xi^2+1}{2\xi}=2.\xi=\frac{1}{3}(\xi=1\text{ 舍去})$$

练习 4-1

1. 验证下列各函数在区间 $[-1,1]$ 上是否满足罗尔定理,如果满足,试求出定理中的 ξ.

(1) $f(x)=x^3-x$;

(2) $f(x)=1-\sqrt[3]{x^2}$;

(3) $f(x)=(x+1)^2$;

(4) $f(x)=\dfrac{\sin x}{x}$.

2. 验证罗尔定理对函数 $y=\sin x$ 在区间 $\left[\dfrac{\pi}{6},\dfrac{5\pi}{6}\right]$ 上的正确性.

3. 不求导数判断函数 $f(x)=(x-1)(x-2)(x-3)$ 的导数 $f'(x)=0$ 有几个实根及根的范围.

4. 验证拉格朗日中值定理对函数 $f(x)=2x^2+x+1$ 在区间$[-1,3]$上的正确性.

5. 判断下列各函数在给定区间是否满足拉格朗日中值定理.

(1) $y=|x|,[-1,1]$;　　　　　(2) $y=\dfrac{1}{x},\quad[1,2]$;

(3) $y=\sqrt[3]{x^2},[-1,1]$;　　　　(4) $y=\dfrac{x}{1-x^2},[-2,2]$.

6. 验证函数 $f(x)=x^2$ 及 $g(x)=x$ 在$[0,2]$上满足柯西中值定理的条件,并求出相应的 ξ 值.

4-2　洛必达法则

如果当 $x\to x_0(x\to\infty)$时,两个函数 $f(x)$ 与 $F(x)$ 都趋于零或都趋于无穷大,那么极限 $\lim\limits_{\substack{x\to x_0\\(x\to\infty)}}\dfrac{f(x)}{F(x)}$ 可能存在,也可能不存在,通常把这种极限叫做未定式,并分别简记为 $\dfrac{0}{0}$或$\dfrac{\infty}{\infty}$.

在第二章中,已讨论了未定式极限的一些解法,但仍有相当数量的未定式极限很难解出,因此有必要给出求此类极限的简便方法.

一、$\dfrac{0}{0}$型未定式

若函数 $f(x),g(x)$分别满足下列条件:

(1) $\lim\limits_{x\to x_0}f(x)=0,\lim\limits_{x\to x_0}g(x)=0$;

(2) 在点 x_0 的左右近旁可导,且 $g'(x)\neq0$;

(3) $\lim\limits_{x\to x_0}\dfrac{f'(x)}{g'(x)}$存在(或为$\infty$),则$\lim\limits_{x\to x_0}\dfrac{f(x)}{g(x)}=\lim\limits_{x\to x_0}\dfrac{f'(x)}{g'(x)}$.

这种通过对分子与分母分别求导来确定未定式极限的方法是法国数学家洛必达(L'Hospital)首先得到的,所以称作洛必达法则.

定理对 $x\to\infty$时的 $\dfrac{0}{0}$型未定式同样适用.

【例1】　求$\lim\limits_{x\to0}\dfrac{e^{3x}-1}{x}$.

解　$\lim\limits_{x\to0}\dfrac{e^{3x}-1}{x}=\lim\limits_{x\to0}\dfrac{(e^{3x}-1)'}{(x)'}=\lim\limits_{x\to0}\dfrac{3e^{3x}}{1}=3.$

【例2】　求$\lim\limits_{x\to0}\dfrac{\sin ax}{\sin bx}(b\neq0).$

解　$\lim\limits_{x\to 0}\dfrac{\sin ax}{\sin bx}=\lim\limits_{x\to 0}\dfrac{(\sin ax)'}{(\sin bx)'}=\lim\limits_{x\to 0}\dfrac{a\cos ax}{b\cos bx}=\dfrac{a}{b}$.

【例3】　求 $\lim\limits_{x\to 1}\dfrac{x^3-3x+2}{x^3-x^2-x+1}$.

解　$\lim\limits_{x\to 1}\dfrac{x^3-3x+2}{x^3-x^2-x+1}=\lim\limits_{x\to 1}\dfrac{(x^3-3x+2)'}{(x^3-x^2-x+1)'}=\lim\limits_{x\to 1}\dfrac{3x^2-3}{3x^2-2x-1}=\lim\limits_{x\to 1}\dfrac{6x}{6x-2}$

$=\dfrac{3}{2}$.

注意　洛必达法则可以连续使用,但每次使用法则前,必须检验是否属于 $\dfrac{0}{0}$ 未定型,否则,不能使用此法则.

二、$\dfrac{\infty}{\infty}$ 型未定式

若函数 $f(x),g(x)$ 分别满足下列条件:

(1) $\lim\limits_{x\to x_0}f(x)=\infty,\lim\limits_{x\to x_0}g(x)=\infty$;

(2) 在点 x_0 的左右近旁可导,且 $g'(x)\neq 0$;

(3) $\lim\limits_{x\to x_0}\dfrac{f'(x)}{g'(x)}$ 存在(或为 ∞),则

$$\lim\limits_{x\to x_0}\dfrac{f(x)}{g(x)}=\lim\limits_{x\to x_0}\dfrac{f'(x)}{g'(x)}.$$

定理对 $x\to\infty$ 时的 $\dfrac{\infty}{\infty}$ 型未定式同样适用.

【例4】　求 $\lim\limits_{x\to\infty}\dfrac{x^2-3x+2}{2x^2-x+1}$.

解　$\lim\limits_{x\to\infty}\dfrac{x^2-3x+2}{2x^2-x+1}=\lim\limits_{x\to\infty}\dfrac{(x^2-3x+2)'}{(2x^2-x+1)'}=\lim\limits_{x\to\infty}\dfrac{2x-3}{4x-1}=\lim\limits_{x\to\infty}\dfrac{(2x-3)'}{(4x-1)'}=\dfrac{2}{4}=\dfrac{1}{2}$.

【例5】　求 $\lim\limits_{x\to+\infty}\dfrac{\ln x}{x^3}$.

解　$\lim\limits_{x\to+\infty}\dfrac{\ln x}{x^3}=\lim\limits_{x\to+\infty}\dfrac{(\ln x)'}{(x^3)'}=\lim\limits_{x\to+\infty}\dfrac{\dfrac{1}{x}}{3x^2}=\lim\limits_{x\to+\infty}\dfrac{1}{3x^3}=0$.

【例6】　求 $\lim\limits_{x\to+\infty}\dfrac{x^3}{e^x}$.

解　$\lim\limits_{x\to+\infty}\dfrac{x^3}{e^x}=\lim\limits_{x\to+\infty}\dfrac{3x^2}{e^x}=\lim\limits_{x\to+\infty}\dfrac{6x}{e^x}==\lim\limits_{x\to+\infty}\dfrac{6}{e^x}=0$.

注意　定理中的条件对于结论来讲是充分的,即若 $\lim\limits_{\substack{x\to x_0\\(x\to\infty)}}\dfrac{f'(x)}{g'(x)}$ 存在,则

$\lim\limits_{\substack{x \to x_0 \\ (x \to \infty)}} \dfrac{f(x)}{g(x)}$ 存在,而当 $\lim\limits_{\substack{x \to x_0 \\ (x \to \infty)}} \dfrac{f'(x)}{g'(x)}$ 不存在时则未必 $\lim\limits_{\substack{x \to x_0 \\ (x \to \infty)}} \dfrac{f(x)}{g(x)}$ 不存在,这时洛必达法则失效,须改用其他方法求极限.

【例 7】 求 $\lim\limits_{x \to \infty} \dfrac{x}{x + \sin x}$.

解 这是 $\dfrac{\infty}{\infty}$ 型,若用洛必达法则

$$\lim_{x \to \infty} \frac{x}{x + \sin x} = \lim_{x \to \infty} \frac{1}{1 + \cos x}$$

不存在,因此洛必达法则失效,但是这个函数的极限是存在的:

$$\lim_{x \to \infty} \frac{x}{x + \sin x} = \lim_{x \to \infty} \frac{1}{1 + \dfrac{\sin x}{x}} = 1.$$

三、其他类型的未定式

不定式除了 $\dfrac{0}{0}$ 型和 $\dfrac{\infty}{\infty}$ 型外,还有 $0 \cdot \infty$,$\infty - \infty$,0^0,1^∞,∞^0 等类型,对于这些类型的不定式,可以通过适当的变形将它们先转化为 $\dfrac{0}{0}$ 型或 $\dfrac{\infty}{\infty}$ 型的未定式,再利用洛必达法则进行计算.

【例 8】 $\lim\limits_{x \to 0^+} x \csc x$.

解 $\lim\limits_{x \to 0^+} x \csc x = \lim\limits_{x \to 0^+} \dfrac{x}{\dfrac{1}{\csc x}} = \lim\limits_{x \to 0^+} \dfrac{x}{\sin x} = \lim\limits_{x \to 0^+} \dfrac{1}{\cos x} = 1.$

> 知识回顾:
> $\csc x = \dfrac{1}{\sin x}$

【例 9】 求 $\lim\limits_{x \to \frac{\pi}{2}} (\sec x - \tan x)$

解 $\lim\limits_{x \to \frac{\pi}{2}} (\sec x - \tan x) = \lim\limits_{x \to \frac{\pi}{2}} \dfrac{1 - \sin x}{\cos x} = \lim\limits_{x \to \frac{\pi}{2}} \dfrac{-\cos x}{\sin x} = 0$.

> 知识回顾:
> $\sec x = \dfrac{1}{\cos x}$
> $\tan x = \dfrac{\sin x}{\cos x}$

【例 10】 求 $\lim\limits_{x \to 1} x^{\frac{1}{1-x}}$.

解 设 $y = x^{\frac{1}{1-x}}$,$\ln y = \ln x^{\frac{1}{1-x}} = \dfrac{1}{1-x} \ln x = \dfrac{\ln x}{1-x}$,而

$$\lim_{x \to 1} \frac{\ln x}{1-x} = \lim_{x \to 1} \frac{\dfrac{1}{x}}{-1} = -1,$$

即 $\lim\limits_{x \to 1} \ln y = -1$, 所以 $\lim\limits_{x \to 1} y = \lim\limits_{x \to 1} x^{\frac{1}{1-x}} = \mathrm{e}^{-1}$.

洛必达法则是求未定式的一种有效方法,但最好能与其他求极限的方法结合

使用.例如,能化简时应尽可能先化简,可以应用等价无穷小替代或重要极限时,应尽可能应用,这样可以使运算简捷.

【例 11】　求 $\lim\limits_{x\to 0}\dfrac{x-\sin x}{x^3}$.

解　$\lim\limits_{x\to 0}\dfrac{x-\sin x}{x^3}=\lim\limits_{x\to 0}\dfrac{1-\cos x}{3x^2}=\lim\limits_{x\to 0}\dfrac{\dfrac{x^2}{2}}{3x^2}=\dfrac{1}{6}$.

练习 4-2

1. 利用洛必达法则求下列函数的极限.

(1) $\lim\limits_{x\to 1}\dfrac{x^2-1}{\sqrt{x}-1}$;

(2) $\lim\limits_{x\to 0}\dfrac{e^{2x}-1}{3x}$;

(3) $\lim\limits_{x\to 1}\dfrac{x^2-3x+2}{x-1}$;

(4) $\lim\limits_{x\to \pi}\dfrac{\sin x}{x-\pi}$;

(5) $\lim\limits_{x\to 0}\dfrac{\sin 5x}{x}$;

(6) $\lim\limits_{x\to a}\dfrac{x^n-a^n}{x^m-a^m}$;

(7) $\lim\limits_{x\to 0}\dfrac{e^x-1}{\sin x}$;

(8) $\lim\limits_{x\to \frac{\pi}{2}}\dfrac{\cos x}{x-\dfrac{\pi}{2}}$;

(9) $\lim\limits_{x\to +\infty}\dfrac{x}{e^x}$;

(10) $\lim\limits_{x\to +\infty}\dfrac{2x^3-2x+1}{3x^3-4}$;

(11) $\lim\limits_{x\to +\infty}\dfrac{2^x}{x^3}$;

(12) $\lim\limits_{x\to 0}\dfrac{e^x-e^{-x}-2x}{x-\sin x}$;

(13) $\lim\limits_{x\to 0}x\cot 2x$;

(14) $\lim\limits_{x\to 0}\left(\dfrac{1}{\sin x}-\dfrac{1}{x}\right)$;

(15) $\lim\limits_{x\to +\infty}x^{\frac{1}{x}}$.

2. 验证极限 $\lim\limits_{x\to \infty}\dfrac{x+\sin x}{x}$ 存在,但不能用洛必达法则求出.

3. 若极限 $\lim\limits_{x\to 0}\dfrac{b-\cos x-ax}{x}=1$,求 a,b.

4-3　函数的单调性

单调性是函数的重要的性态之一,但利用所学过的定义判断函数的单调性比较困难.下面将讨论如何利用导数研究函数的单调性.

从图 4-3-1(a)直观看出,若函数 $y=f(x)$ 在区间 (a,b) 内单调增加,则图像是一条随 x 的增大而逐渐上升的曲线,各点处的切线与 x 轴的正向夹角为锐角,所以 $f'(x)>0$.

由图 4-3-1(b)知,曲线 $y=f(x)$ 在区间 (a,b) 内单调减少,则图像是一条随 x 的增大而逐渐下降的曲线,各点处的切线与 x 轴的正向夹角为钝角,所以 $f'(x)<0$;反过来,可以由导数的符号来判定函数的单调性.

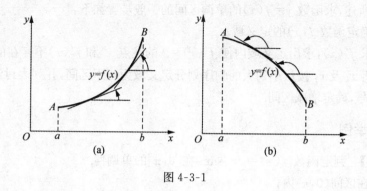

图 4-3-1

一、定理

定理   设函数 $f(x)$ 在闭区间 $[a,b]$ 上连续,在开区间 (a,b) 内可导,则有

(1) 若在 (a,b) 内 $f'(x)>0$,则函数 $f(x)$ 在 $[a,b]$ 上单调增加;

(2) 若在 (a,b) 内 $f'(x)<0$,则函数 $f(x)$ 在 $[a,b]$ 上单调减少.

注意   (1) 若在某区间 I 内 $f'(x)\geqslant0$(或 $f'(x)\leqslant0$),但等号仅在个别点处成立,则函数在该区间内仍为单调增加(或单调减少).

(2) 定理中的区间换成其他各种区间结论同样成立.

若函数在其定义域的某个区间内是单调的,则称该区间为函数的单调区间,曲线由上升转为下降(或由下降转为上升)的分界点称为单调区间的分界点.

观察图 4-3-2,在曲线单调区间的分界点 $(x_1,f(x_1))$(或 $(x_2,f(x_2))$)处,若切线存在,则该切线一定平行 x 轴,即有 $f'(x_1)=0$ 和 $f'(x_2)=0$.

定义若 $f'(x_0)=0$,则称 x_0 为函数 $f(x)$ 的驻点.

注意   (1) 驻点常常是函数单调区间的分界点.

(2) 导数不存在的点也可能是函数单调区间的分界点. 例如:从 $y=|x|$ 的图像(见图 4-3-3)中可以看出,$(0,0)$ 点为其单调性的分界点,但 $y=|x|$ 在 $x=0$ 处的导数不存在.

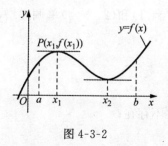

图 4-3-2

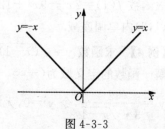

图 4-3-3

综上所述,求函数 $y=f(x)$ 的单调区间的一般步骤如下:

(1) 确定函数 $f(x)$ 的定义域;

(2) 求 $f'(x)$,求出定义域内使 $f'(x)=0$ 的驻点 x_i 和 $f'(x)$ 不存在的点 x_j;

(3) 将 x_i 及 x_j 按从小到大的顺序划分定义域为若干区间,并列表讨论各区间上 y' 的符号,确定增减区间.

二、举例

【例1】 判定函数 $f(x)=x-\sin x$ 在 $[0,\pi]$ 的单调性.

解 在区间 $(0,\pi)$ 内,
$$f'(x)=1-\cos x>0,$$
所以 $f(x)$ 在 $[0,\pi]$ 上单调增加.

【例2】 判定函数 $f(x)=\arctan x-x$ 的单调性.

解 $f(x)$ 的定义域为 $(-\infty,+\infty)$,
$$f'(x)=\frac{1}{1+x^2}-1=\frac{-x^2}{1+x^2}\leqslant 0,且仅 f'(0)=0.$$
所以 $f(x)$ 在 $(-\infty,+\infty)$ 内单调减少.

【例3】 讨论函数 $f(x)=2x^3-9x^2+12x-3$ 的单调区间.

解 函数的定义域为 $(-\infty,+\infty)$

因为 $f'(x)=6x^2-18x+12=6(x-1)(x-2)$

令 $f'(x)=0$ 得 $x_1=1 x_2=2$,

列表 4-1 讨论:

表 4-1

x	$(-\infty,1)$	1	$(1,2)$	2	$(2,+\infty)$
$f'(x)$	+	0	−	0	+
$f(x)$	↗		↘		↗

故函数 $f(x)=2x^3-9x^2+12x-3$ 在区间 $(-\infty,1)$ 和 $(2,+\infty)$ 单调递增,在区间 $(1,2)$ 内单调递减.

【例4】 求函数 $y=\sqrt[3]{(x-1)^2}$ 的单调区间.

解 函数的定义域为 $(-\infty,+\infty)$;
$$y'=\frac{2}{3\cdot\sqrt[3]{x-1}},令 y'=0,无解.当 x=1 时,y' 不存在;$$
列表 4-2 讨论:

表 4-2

x	$(-\infty,1)$	1	$(1,+\infty)$
y'	—	不存在	+
y	↘		↗

故函数的单调增区间为 $(1,+\infty)$，单调减区间为 $(-\infty,1)$.

【例 5】 证明 $e^x>1+x(x>0)$.

证 设 $f(x)=e^x-1-x$，显然 $f(0)=0$

$$f'(x)=e^x-1>0(x>0),$$

所以函数 $f(x)$ 在 $x>0$ 时是单调增加的，$f(x)>f(0)(x>0)$，

$$e^x-1-x>0(x>0),即 \ e^x>1+x(x>0).$$

练习 4-3

1. 确定下列函数的单调区间.

(1) $f(x)=x^3-3x^2-9x+5$；　　(2) $f(x)=x^3-6x^2-15x+1$；

(3) $f(x)=\sqrt[3]{x^2}$；　　(4) $f(x)=x\ln x$；

(5) $f(x)=x^2 e^{-x}$；　　(6) $f(x)=\dfrac{1}{3}x^3-x^2-3x-3$；

(7) $f(x)=x^4-2x^3$；　　(8) $f(x)=x\sqrt{6-x}$.

2. 确定函数 $y=\ln(1+x^2)$ 的单调减少区间.

3. 确定函数 $y=x+\dfrac{1}{x}$ 的单调增加区间.

4. 证明 $x>\ln(1+x)(x>0)$.

4-4　函数的极值

一、极值的概念

定义 设函数 $f(x)$ 在点 x_0 及其近旁有定义，对于 x_0 近旁的任一异于 x_0 的点 x，若 $f(x)<f(x_0)$，则称 $f(x_0)$ 为函数 $f(x)$ 的一个极大值；若 $f(x)>f(x_0)$，则称 $f(x_0)$ 为函数 $f(x)$ 的一个极小值.

函数的极大值与极小值统称为函数的极值，使函数取得极值的点 x_0 称为函数的极值点.

如图 4-4-1 所示，$f(c_1)$，$f(c_4)$ 分别是函数 $f(x)$ 的极大值；$f(c_2)$，$f(c_5)$ 分别是

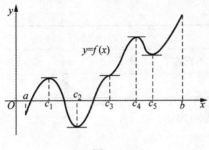

图 4-4-1

函数 $f(x)$ 的极小值；c_1，c_4 是函数 $f(x)$ 的极大值点，c_2，c_5 是函数 $f(x)$ 的极小值点.

注意 （1）函数的极值是局部概念，因此函数在某区间内可以有多个极大值或极小值，且极大值不一定比极小值大，例如图 4-4-1 中 $f(c_1) < f(c_5)$；

（2）函数的极值一定在定义区间内部取得，在区间的端点不可能取得极值.

二、定理

由图 4-4-1 知，曲线 $f(x)$ 在极值点处或者具有水平切线（如 c_1），即有 $f'(c_1)=0$；或者导数不存在（如点 c_3），于是有下面的定理：

定理 （极值存在的必要条件）若 x_0 是函数 $f(x)$ 的极值点，则 x_0 必为函数 $f(x)$ 的驻点或不可导点，亦即要么 $f'(x_0)=0$，要么 $f'(x_0)$ 不存在.

注意 （1）可导函数 $f(x)$ 的极值点必定是其驻点. 反之，函数的驻点不一定是极值点. 例如，$x=0$ 是 $f(x)=x^3$ 的驻点，但不是函数的极值点.

（2）在使 $f'(x)$ 不存在的点 x_0 处，函数 $f(x)$ 也可能取得极值. 例如，$f(x)=x^{\frac{2}{3}}$，$f'(x)=\dfrac{2}{3 \cdot \sqrt[3]{x}}$，$f'(0)$ 不存在，但在 $x=0$ 处函数有极小值 $f(0)=0$（见图 4-4-2）.

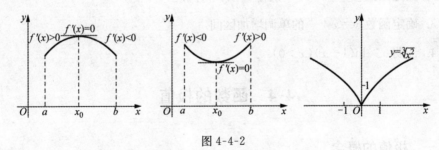

图 4-4-2

怎样判断一个驻点或者不可导点是否为极值点呢？由图 4-4-2 可以看出，函数的极值与其单调性密切相关，极值点是函数单调区间的分界点，于是有下面的定理：

定理 1 （极值存在的第一充分条件）设函数 $f(x)$ 在点 x_0 左右近旁可导，且 $f'(x_0)=0$ 或 $f'(x_0)$ 不存在. 当 x 由小到大经过 x_0 时：

（1）若 $f'(x)$ 由正变负，则函数 $f(x)$ 在点 x_0 处取得极大值；

(2) 若 $f'(x)$ 由负变正,则函数 $f(x)$ 在点 x_0 处取得极小值;

(3) 若 $f'(x)$ 不变号,则函数 $f(x)$ 在点 x_0 处没有极值.

当函数在驻点处的二阶导数存在且不为 0 时,也可以用下面的定理来判定一个驻点是极大值点还是极小值点.

定理 2 (极值存在的第二充分条件)设 $f(x)$ 在点 x_0 处具有二阶导数且 $f'(x_0)=0$,

(1) 若 $f''(x_0)<0$,则 $f(x)$ 在点 x_0 处取得极大值;

(2) 若 $f''(x_0)>0$,则 $f(x)$ 在点 x_0 处取得极小值;

(3) 若 $f''(x_0)=0$,则不能确定 $f(x)$ 在点 x_0 处是否取得极值.

综上所述,求函数 $f(x)$ 极值的一般步骤如下:

(1) 确定函数的定义域;

(2) 求 $f'(x)$,求出定义域内使 $f'(x)=0$ 的驻点 x_i 和 $f'(x)$ 不存在的点 x_j;

(3) 将 x_i 及 x_j 按从小到大的顺序划分定义域为若干区间,并列表判定各区间内 $f'(x)$ 的符号,确定极值点,求出相应的极值,或者利用极值的第二充分条件判定驻点是否为极值点.

三、举例

【例 1】 求函数 $f(x)=\dfrac{1}{3}x^3-x^2-3x+3$ 的极值.

解法 1 $f(x)$ 的定义域为 $(-\infty,+\infty)$,
$$f'(x)=x^2-2x-3=(x+1)(x-3),$$
令 $f'(x)=0$,得驻点 $x_1=-1,x_2=3$.

列表 4-3 讨论如下:

表 4-3

x	$(-\infty,-1)$	-1	$(-1,3)$	3	$(3,+\infty)$
$f(x)$	$+$	0	$-$	0	$+$
$f'(x)$	↗	极大值 $\dfrac{14}{3}$	↘	极小值 -6	↗

由以上讨论可知,函数的极大值为 $f(-1)=\dfrac{14}{3}$,极小值为 $f(3)=-6$.

解法 2 $f'(x)=x^2-2x-3=(x+1)(x-3)$

令 $f'(x)=0$,得驻点 $x_1=-1,x_2=3$;又 $f''(x)=2x-2$,

$f''(-1)=-4<0$,所以函数 $f(x)$ 在 $x_1=-1$ 处取得极大值 $f(-1)=\dfrac{14}{3}$;

$f''(3)=4>0$,所以函数 $f(x)$ 在 $x_2=3$ 处取得极小值为 $f(3)=-6$.

【例2】 求函数 $f(x)=x-\dfrac{3}{2}x^{\frac{2}{3}}$ 的极值.

解 (1) 函数 $f(x)$ 的定义域为 $(-\infty,+\infty)$;

(2) $f'(x)=1-x^{-\frac{1}{3}}=\dfrac{\sqrt[3]{x}-1}{\sqrt[3]{x}}$. 令 $f'(x)=0$,得驻点 $x=1$;

当 $x=0$ 时,$f'(x)$ 不存在.

(3) 列表 4-4 讨论:

表 4-4

x	$(-\infty,0)$	0	$(0,1)$	1	$(1,+\infty)$
$f'(x)$	+	不存在	−	0	+
$f(x)$	↗	极大值 0	↘	极小值 $-\dfrac{1}{2}$	↗

因此,函数的极大值为 $f(0)=0$,极小值为 $f(1)=-\dfrac{1}{2}$.

【例3】 试问 a 为何值时,函数 $f(x)=ax^3+x^2$ 在 $x=1$ 处取得极值,它是极大值还是极小值? 并求出此极值.

解 函数 $f(x)=ax^3+3x^2$ 在其定义域内二阶可导,并且
$$f'(x)=3ax^2+6x$$
要使函数在 $x=1$ 处取得极值,在点 $x=1$ 必为驻点. 故
$$f'(1)=3a+6=0,a=-2.$$
$$f''(x)=6ax+6,f''(1)=6a+6=-6<0.$$
因此,$f(x)$ 在 $x=1$ 处取得极大值,极大值为 $f(1)=a+3=1$.

练习 4-4

1. $f'(x_0)=0$ 是可导函数 $f(x)$ 在 x_0 处取得极值的( ).

A. 充分条件; B. 必要条件; C. 充分必要条件; D. 以上说法都不对.

2. 若 $f'(x_0)=0,f''(x_0)=0$,则函数 $f(x)$ 在 x_0 处( ).

A. 一定有极大值; B. 一定有极小值;

C. 可能有极值; D. 一定无极值.

3. $f'(x_0)=0$ 是函数 $f(x)$ 在 x_0 处取得极值的( ).

A. 充分条件; B. 必要条件;

C. 充分必要条件; D. 以上说法都不对.

4. 求下列函数的极值.

(1) $y=-x^4+2x^2$;　　　　(2) $f(x)=x^3-4x^2-3x$;

(3) $f(x)=x^3-3x^2-9x+5$;　　(4) $y=x^2 e^{-x}$;

(5) $y=x-e^x$;　　　　(6) $y=2-(x+1)^{\frac{2}{3}}$;

(7) $y=x^3-3x^2+7$;　　　(8) $y=(x-3)^2(x-2)$;

(9) $y=x-\ln(1+x)$.

5. 若函数 $f(x)=ax^2+bx$ 在点 $x=1$ 处取极大值 2,求 a,b.

4-5　函数的最大值与最小值

一、最大值与最小值的概念

定义　设函数 $f(x)$ 在某区间 I 上有定义,若存在 $x_0 \in I$,使得对任意 $x \in I$,恒有 $f(x) \leqslant f(x_0) [f(x) \geqslant f(x_0)]$,则称 $f(x_0)$ 为函数 $f(x)$ 在区间 I 上的最大(小)值.

1. 闭区间上连续函数的最大、最小值问题

根据闭区间上连续函数的性质,若函数 $f(x)$ 在 $[a,b]$ 上连续,则 $f(x)$ 在 $[a,b]$ 上必有最大值和最小值. 最大值和最小值可能在端点处取得,也可能在区间内部取得,当最大值在区间内部取得时便成了极大值,而当最小值在区间内部取得时便成了极小值,函数 $f(x)$ 在 $[a,b]$ 上的最大值和最小值要么在 a,b 处达到,要么在某个极值点处达到,而由极值的必要条件知,极值点要么是驻点要么是不可导点. 因此,函数 $f(x)$ 在 $[a,b]$ 上的最大值和最小值只可能在端点 $a,b,f(x)$ 的驻点或不可导点处取到,只需要求出在这些点处的函数值并加以比较知:其中最大的即为最大值,最小的即为最小值. 具体归纳出来可以按以下步骤求出函数 $f(x)$ 在 $[a,b]$ 上的最大值和最小值:

(1) 求出 $f(x)$ 在 (a,b) 上的所有驻点和不可导点;

(2) 求出驻点、不可导点以及端点处的函数值;

(3) 比较以上函数值,最大的即为最大值,最小的即为最小值.

注意　若函数在闭区间 $[a,b]$ 上或开区间 (a,b) 或无穷区间 $(-\infty,+\infty)$ 内只有一个极值,则它就是函数 $f(x)$ 的最大值或最小值,如图 4-5-1 所示.

2. 实际问题中的最值

许多实际问题中,常常需要考虑在一定条件下,怎样效益最高、容量最大、时间最短,材料最省等最优化问题,它们在数学上可以归结为求某一函数(称为目标函数)的最值问题. 对于这类问题,首先应该建立函数关系,即建立数学模型或目标函

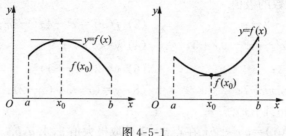

图 4-5-1

数,然后求出目标函数在定义区间内的驻点与不可导点,最后比较这些点和端点处的函数值确定函数的最大值或最小值,如果目标函数的驻点(或不可导点)唯一,并且实际问题表明函数的最大值或最小值存在,并且不可能在定义区间的端点(一般为极端情况)达到,那么所求驻点或不可导点即为函数的最大值点或最小值点.

二、举例

【例1】 求函数 $f(x)=x^3-3x^2-9x+5$ 在 $[-2,6]$ 上的最大值和最小值.

解 $f'(x)=3x^2-6x-9=3(x^2-2x-3)=3(x+1)(x-3)$.

令 $f'(x)=0$,得驻点 $x_1=-1$, $x_2=3$.

计算得 $f(-1)=10$, $f(3)=-22$. $f(-2)=3$, $f(6)=59$.

比较得,函数在 $[-2,6]$ 上的最大值为 $f(6)=59$,最小值为 $f(3)=-22$.

【例2】 求 $f(x)=x-x\sqrt{x}$ 在区间 $[0,4]$ 上的最大值与最小值.

解 $f'(x)=1-\dfrac{3}{2}\sqrt{x}$,令 $f'(x)=0$,得驻点 $x=\dfrac{4}{9}$,其函数值为 $f\left(\dfrac{4}{9}\right)=\dfrac{4}{27}$.

区间端点处的函数值为 $f(0)=0$, $f(4)=-4$.

故函数 $f(x)$ 在 $[0,4]$ 上最大值 $f\left(\dfrac{4}{9}\right)=\dfrac{4}{27}$. 最小值 $f(4)=-4$.

【例3】 设有一块边长为 a 的正方形铁皮,从四个角截去同样大小的正方形小方块,做成一个无盖的方盒子,小方块的边长为多少才能使盒子容积最大?

解 设小块的边长为 x,则方盒的底边长为 $a-2x$ 方盒容积

$$V=x(a-2x)^2, \quad x\in\left(0,\dfrac{a}{2}\right),$$
$$V'=(a-2x)^2-4x(a-2x)$$
$$=(a-2x)(a-6x),$$

令 $V'=0$,得函数有 $x\in\left(0,\dfrac{a}{2}\right)$ 内的唯一驻点 $x=\dfrac{a}{6}$,故当剪去的小方块的边长为 $\dfrac{a}{6}$ 时,盒子的容积最大.

【例4】 工厂铁路线上 AB 段的距离为 100km,工厂 C 距 A 处为 20km,AC 垂直于 AB(见图 4-5-2).为了运输需要,要在 AB 线上选定一点 D 向工厂修筑一条公路.已知铁路每公里货运的运费与公路上每公里货运的运费之比 $3:5$.为了使货物从供应站 B 运到工厂 C 的运费最省,问 D 点应选在何处?

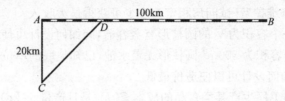

图 4-5-2

解 设 $AD=x$(km),则 $DB=100-x$,
$$CD=\sqrt{20^2+x^2}=\sqrt{400+x^2}$$
设从 B 点到 C 点需要的总运费为 y,那么
$$y=5k\sqrt{400+x^2}+3k(100-x),(k\text{ 是某个正数})$$
$$y'=5k\frac{x}{\sqrt{400+x^2}}-3k=0,\text{得 }x=15.$$
因此,当 $AD=15$(km)时,总运费最省.

【例5】 设某工厂生产某种产品的日产量为 x 件,次品率为 $\frac{x}{100+x}$.若生产一件正品可获利 3 元,而出一件次品需损失 1 元,问日产量为多少时获得的利润最大?

解 设利润为 y 元,则 $y=3x\left(1-\frac{x}{100+x}\right)-x\frac{x}{100+x}=\frac{300x-x^2}{100+x}$
$$y'=\frac{(300-2x)(100+x)-(300x-x^2)}{(100+x)^2}=\frac{-x^2-200x+30000}{(100+x)^2}$$
$$=\frac{(x+300)(-x+100)}{(100+x)^2}=0,x=100.(x=-300\text{ 舍去})$$
因此,产量为 100 件时获得的利润最大.

练习 4-5

1. 求下列函数在给定区间上的最大值和最小值.

(1) $y=x^4-2x^2+5,[-2,2]$;　　(2) $y=x^4-4x^3+8,x\in[-1,1]$;

(3) $y=2x^3-3x^2,x\in[-1,4]$;　　(4) $y=\frac{x}{1+x^2},x\in[0,2]$;

(5) $y=\sin x+\cos x, x\in[0,2\pi]$;   (6) $y=\ln(1+x^2), x\in[-1,2]$;

(7) $y=x+\sqrt{1-x}, x\in[-5,1]$;   (8) $y=2x^3+3x^2-12x+14,[-3,4]$.

2. 某房地产公司有 50 套公寓要出租,当租金定为每月 180 元时,公寓会全部租出去.当租金每月增加 10 元时,就有一套公寓租不出去,而租出去的房子每月需花费 20 元的整修维护费.试问房租定为多少可获得最大收入?

3. 欲制造一个容积为 V 的圆柱形有盖容器,问如何设计可使材料最省?

4. 建造一个容积为 $300m^3$ 圆柱形无盖水池,已知池底的单位造价是侧围单位造价的 2 倍,问如何设计可以使造价最低?

5. 某食品加工厂生产某类食品的成本 $C(元)$是日产量 $x(kg)$的函数

$$C(x)=1600+4.5x+0.01x^2$$

问该产品每天生产多少公斤时,才能使平均成本达到最小值.

4-6 曲线的凹凸性与拐点

函数的图形反映函数的变化规律,但是仅利用单调性与极值还不能够准确地确定曲线的形态.图 4-6-1 中的曲线在区间(a,b)都是单调上升,但图(a)中的曲线弧向上弯曲,图(b)中的曲线弧向下弯曲,因此还需要研究曲线的弯曲方向.

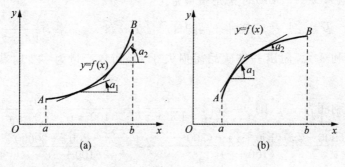

图 4-6-1

一、相关概念

定义 1 设曲线 $y=f(x)$在区间(a,b)内处处有切线,

(1) 若曲线位于任一点切线的上方,则称曲线 $y=f(x)$在(a,b)内是凹的;

(2) 若曲线位于任一点切线的下方,则称曲线 $y=f(x)$在(a,b)内是凸的.

定义 2 连续曲线上的凹弧与凸弧的分界点$[x_0,f(x_0)]$,称为曲线的拐点.

【例 1】 作出 $y=x^3$ 的图像,判定其凹凸性.

解 $y=x^3$ 的图像如图 4-6-2 所示,从图中可以看出,在$(0,+\infty)$上曲线在其切线上方,因此 $y=x^3$ 在 $(0,+\infty)$ 上是凹的,在 $(-\infty,0)$ 上曲线在其切线下方,因此 $y=x^3$ 在 $(-\infty,0)$ 上是凸的,$(0,0)$ 为拐点.

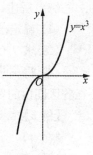

图 4-6-2

二、定理

设 $y=f(x)$ 在区间 I 内可导,即曲线 $y=f(x)$ 处处有切线,从图 4-6-1(a)可以看出:如果函数在区间 I 内是凹的,那么随着切点向右移动,曲线上各点处切线的倾斜角 α 随 x 的增大而增大,$\tan\alpha$ 是递增的,说明切线的斜率不断增大,即 $f'(x)$ 在区间 I 内是单调增加的,因此 $f''(x)>0$;从图 4-6-1(b)可以看出:如果函数在区间 I 内是凸的,那么随着切点向右移动,曲线上各点处切线的倾斜角 α 随 x 的增大而减小,即 $\tan\alpha$ 是递减的,说明切线的斜率不断减少,即 $f'(x)$ 在区间 I 内是单调减少的,因此 $f''(x)<0$.

为此,有如下判定定理.

定理　设函数 $y=f(x)$ 在区间 (a,b) 内具有二阶导数,

(1) 若 $f''(x)>0$,则曲线在区间 (a,b) 内是凹的;

(2) 若 $f''(x)<0$,则曲线在区间 (a,b) 内是凸的.

【例2】　判断曲线 $y=\ln x$ 的凹凸性.

解　$y'=\dfrac{1}{x}$,$y''=-\dfrac{1}{x^2}$.

因为在函数 $y=\ln x$ 的定义域 $(0,+\infty)$ 内,　$y''<0$,所以曲线 $y=\ln x$ 是凸的.

【例3】　判定曲线 $y=x^5$ 的凹凸性.

解　由 $y'=5x^4$,$y''=20x^3$,

当 $x<0$ 时 $y''<0$,故在 $(-\infty,0)$ 内 $y=x^5$ 为凸的;

当 $x>0$ 时 $y''>0$,故在 $(0,+\infty)$ 内 $y=x^5$ 为凹的.

点 $(0,0)$ 为 $y=x^5$ 的拐点.

【例4】　求曲线 $y=\sqrt[3]{x}$ 的拐点.

解　$y'=\dfrac{1}{3}\cdot\dfrac{1}{\sqrt[3]{x^2}}$,$y''=-\dfrac{2}{9x\cdot\sqrt[3]{x^2}}$,$x=0$ 是 y'' 不存在的点,

因为 $x>0$ 时,$y''<0$,$x<0$ 时 $y''>0$,故 $(0,0)$ 点是曲线 $y=\sqrt[3]{x}$ 的拐点.

由【例3】【例4】可以看出,拐点常常发生在二阶导数为 0 或二阶导数不存在的点处,而拐点的横坐标将函数的定义区间分成了若干部分,在这些部分上曲线要么是凹的,要么是凸的,这样的区间分别称为曲线的凹区间与凸区间,例如 $(-\infty,0)$ 为 $y=x^5$ 的凸区间,$(0,+\infty)$ 为 $y=x^5$ 的凹区间.

综上所述,求曲线 $y=f(x)$ 的凹凸区间和拐点的一般步骤如下:

(1) 确定函数的定义域;

(2) 求 $f''(x)$,求出定义域内使 $f''(x)=0$ 的 x_i 和 $f''(x)$ 不存在的 x_j;

(3) 将 x_i 及 x_j 按从小到大的顺序划分定义域为若干区间,并列表判定 $f''(x)$ 在各区间内的符号,确定曲线的凹凸区间和拐点.

【例5】 求曲线 $y=2x^4-4x^3+2$ 的凹凸区间和拐点.

解 (1) 函数定义域为 $(-\infty,+\infty)$;

(2) $y'=8x^3-12x^2$,$y''=24x^2-24x=24x(x-1)$.

令 $y''=0$,得 $x_1=0$,$x_2=1$. y''无不存在的点;

(3) 列表讨论(见表4-5):

表 4-5

x	$(-\infty,0)$	0	$(0,1)$	1	$(1,+\infty)$
y''	$+$	0	$-$	0	$+$
曲线 y	$\cup$	拐点$(0,2)$	$\cap$	拐点$(1,0)$	$\cup$

表中符号"$\cup$"表示曲线是凹的,"$\cap$"表示曲线是凸的.

因此曲线在区间 $(-\infty,0)$ 和 $(1,+\infty)$ 内是凹的,在区间 $(0,1)$ 内是凸的,曲线的拐点为 $(0,2)$ 和 $(1,0)$.

【例6】 求曲线 $y=\sqrt[3]{x-1}$ 的凹凸区间和拐点.

解 (1) 函数定义域为 $(-\infty,+\infty)$;

(2) $y'=\dfrac{1}{3}(x-1)^{-\frac{2}{3}}$,$y''=-\dfrac{2}{9\cdot\sqrt[3]{(x-1)^5}}$.

令 $y''=0$,无解;当 $x=1$ 时,y''不存在;

(3) 列表讨论(见表4-6):

表 4-6

x	$(-\infty,1)$	1	$(1,+\infty)$
y''	$+$	0	$-$
曲线 y	$\cup$	拐点$(1,0)$	$\cap$

因此,曲线在区间 $(-\infty,1)$ 内是凹的,在区间 $(1,+\infty)$ 内是凸的,曲线的拐点为 $(1,0)$.

练习 4-6

1. 讨论下列曲线的凹凸性，并求出曲线的拐点.

(1) $y=e^x$；

(2) $y=\sin x$，$[0,2\pi]$；

(3) $y=\sqrt[3]{x}$；

(4) $y=x^3-3x+1$；

(5) $y=x^3-5x^2+3x+5$；

(6) $y=x+\dfrac{1}{x}$，$x>0$；

(7) $y=3x^4-4x^3+1$；

(8) $y=4x-x^2$；

(9) $y=1+\sqrt[3]{x-2}$.

2. 问曲线 $y=x^4$ 是否有拐点？

3. 已知曲线 $y=ax^3+bx^2+1$ 以 $(1,3)$ 为拐点，试求 a,b 的值.

4-7 微分法作图

一、曲线的渐近线

为了更精确地认识函数的性态与图像，还需要进一步了解当函数图像上的点无限远离原点时的性态，这就导致了曲线渐进线的概念. 这里我们仅介绍水平渐近线和垂直渐近线及其求法.

1. 水平渐近线

定义 若 $\lim\limits_{x\to\infty}f(x)=b$，或 $\lim\limits_{\substack{x\to+\infty\\(x\to-\infty)}}f(x)=b$，则称直线 $y=b$ 为曲线 $y=f(x)$ 的一条水平渐近线.

【例 1】 求 $y=\arctan x$ 的水平渐近线.

解 因为 $\lim\limits_{x\to+\infty}\arctan x=\dfrac{\pi}{2}$，$\lim\limits_{x\to-\infty}\arctan x=-\dfrac{\pi}{2}$，所以直线 $y=\dfrac{\pi}{2}$ 和 $y=-\dfrac{\pi}{2}$ 均为其水平渐近线.

【例 2】 求曲线 $y=x\sin\dfrac{1}{x}$ 的水平渐近线.

解 因为 $\lim\limits_{x\to\infty}x\sin\dfrac{1}{x}=\lim\limits_{x\to\infty}\dfrac{\sin\dfrac{1}{x}}{\dfrac{1}{x}}=1$，

所以，直线 $y=1$ 是曲线 $y=x\sin\dfrac{1}{x}$ 的水平渐近线.

2. 垂直渐近线

定义 若 $\lim\limits_{x \to x_0} f(x) = \infty$，或 $\lim\limits_{\substack{x \to x_0^+ \\ (x \to x_0^-)}} f(x) = \infty$，则称直线 $x = x_0$ 为曲线 $y = f(x)$

的一条垂直渐近线.

【**例3**】 求曲线 $y = \ln x$ 的垂直渐近线.

解 因为 $\lim\limits_{x \to 0^+} \ln x = -\infty$，所以直线 $x = 0$ 是曲线 $y = \ln x$ 的垂直渐近线.

【**例4**】 求曲线 $y = \dfrac{2}{x-1} + 3$ 的渐近线.

解 由 $\lim\limits_{x \to \infty} (\dfrac{2}{x-1} + 3) = 3$，得直线 $y = 3$ 是曲线 $y = \dfrac{2}{x-1} + 3$ 的水平渐近线；

由 $\lim\limits_{x \to 1} (\dfrac{2}{x-1} + 3) = \lim\limits_{x \to 1} \dfrac{3x-1}{x-1} = \infty$，得直线 $x = 1$ 是曲线 $y = \dfrac{2}{x-1} + 3$ 的垂直渐近线.

水平渐近线和垂直渐近线，反映了一些连续曲线在无限延伸时的变化情况.

二、函数图像的作法

通过函数的图形，可以对函数有比较直观的认识，但用已学过的描点法作图并不能从整体上把握函数图形的关键特征. 若利用导数预先确定出函数的单调性、极值、凹凸性和拐点，再辅以曲线的渐近线及一些特殊点，就可以使函数图形的描绘更为准确.

描绘函数图形的一般步骤如下：

(1) 确定函数 $f(x)$ 的定义域，并考察函数的奇偶性与周期性；

(2) 求出方程 $f'(x) = 0, f''(x) = 0$ 在函数定义域内的全部实根，以及 $f'(x)$，$f''(x)$ 不存在的点，记为 $x_i(i = 1, 2, \cdots, n)$，并将 x_i 由小到大排列，将定义域划分为若干小区间；

(3) 确定在这些区间内 $f'(x)$ 和 $f''(x)$ 的符号，从而确定函数的单调性、凹凸性、极值点、拐点；

(4) 考察曲线的渐近线及其他变化趋势；

(5) 由曲线的方程计算出一些点的坐标，如极值点和极值、拐点，图形与坐标轴的交点的坐标，有时还需取某些辅助点，然后综合上述讨论的结果画出函数 $y = f(x)$ 的图形.

【**例5**】 作出函数 $f(x) = x^3 - x^2 - x + 1$ 的图形.

解 (1) 函数的定义域为 $(-\infty, +\infty)$.

(2) $f'(x) = 3x^2 - 2x - 1 = (3x+1)(x-1), f''(x) = 6x - 2$.

$f'(x)=0$ 的根为 $x=-\dfrac{1}{3},1$；$f''(x)=0$ 的根为 $x=\dfrac{1}{3}$.

(3) 列表分析（见表 4-7）：

表 4-7

x	$\left(-\infty,-\dfrac{1}{3}\right)$	$-\dfrac{1}{3}$	$\left(-\dfrac{1}{3},\dfrac{1}{3}\right)$	$\dfrac{1}{3}$	$\left(\dfrac{1}{3},1\right)$	1	$(1,+\infty)$
$f'(x)$	+	0	−	−	−	0	+
$f''(x)$	−	−	−	0	+	+	+
$f(x)$	⌢↗	极大	⌢↘	拐点	⌣↘	极小	⌣↗

(4) 当 $x\to+\infty$ 时，$y\to+\infty$；当 $x\to-\infty$ 时，$y\to-\infty$.

(5) 计算特殊点：$f\left(-\dfrac{1}{3}\right)=\dfrac{32}{27}$，$f\left(\dfrac{1}{3}\right)=\dfrac{16}{27}$，$f(1)=0$，$f(0)=1$，$f(-1)=0$，$f\left(\dfrac{3}{2}\right)=\dfrac{5}{8}$.

(6) 描点连线画出图形：

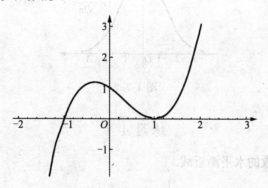

图 4-7-1

【例 6】 作函数 $f(x)=\dfrac{1}{\sqrt{2\pi}}\mathrm{e}^{-\frac{1}{2}x^2}$ 的图形.

解 (1) 函数为偶函数，定义域为 $(-\infty,+\infty)$，图形关于 y 轴对称.

(2) $f'(x)=-\dfrac{x}{\sqrt{2\pi}}\mathrm{e}^{-\frac{1}{2}x^2}$，$f''(x)=\dfrac{(x+1)(x-1)}{\sqrt{2\pi}}\mathrm{e}^{-\frac{1}{2}x^2}$.

令 $f'(x)=0$，得 $x=0$；令 $f''(x)=0$，得 $x=-1$ 和 $x=1$.

(3) 列表（见表 4-8）：

表 4-8

x	$(-\infty,-1)$	-1	$(-1,0)$	0	$(0,1)$	1	$(1,+\infty)$
$f'(x)$	$+$		$+$	0	$-$		$-$
$f''(x)$	$+$	0	$-$	$-$	$-$	0	$+$
$f(x)$	↗ ∪	$\dfrac{1}{\sqrt{2\pi e}}$ 拐点	↗ ∩	$\dfrac{1}{\sqrt{2\pi}}$ 极大值	↘ ∩	$\dfrac{1}{\sqrt{2\pi e}}$ 拐点	↘ ∪

(4) 曲线有水平渐近线 $y=0$.

(5) 先作出区间 $(0,+\infty)$ 内的图形,然后利用对称性作出区间 $(-\infty,0)$ 内的图形.

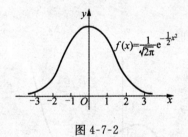

$$f(x)=\frac{1}{\sqrt{2\pi}}e^{-\frac{1}{2}x^2}$$

图 4-7-2

练习 4-7

1. 求下列函数的水平渐近线.

(1) $y=\dfrac{\sin x}{x}$;　　　　(2) $y=\dfrac{1}{x}-2$;　　　(3) $y=\operatorname{arccot} x$;　　　(4) $y=\mathrm{e}^x$.

2. 求下列函数的垂直渐近线.

(1) $y=\dfrac{1}{x}$;　　　　(2) $y=\dfrac{2}{x^2-x}$.

3. 求曲线 $y=\dfrac{x^2}{x^2-x-2}$ 的渐进线.

4. 作出下列函数的图形:

(1) $y=\dfrac{1}{3}x^3-x$;　　　(2) $y=\ln(x^2+1)$.

知识回顾(四)

一、本章主要内容

1. 三个微分中值定理

(1) 罗尔(Rolle)定理.

如果函数 $y=f(x)$ 满足下列 3 个条件:

① 在闭区间 $[a,b]$ 上连续,

② 在开区间 (a,b) 内可导,

③ $f(a)=f(b)$,

则至少存在一点 $\xi\in(a,b)$,使 $f'(\xi)=0$.

(2) 拉格朗日($Lagrange$)中值定理.

如果函数 $y=f(x)$ 满足下列两个条件:

① 在闭区间 $[a,b]$ 上连续,

② 在开区间 (a,b) 内可导,

则至少存在一点 $\xi\in(a,b)$,使得 $f'(\xi)=\dfrac{f(b)-f(a)}{b-a}$,或 $f(b)-f(a)=f'(\xi)(b-a)$.

(3) 柯西($Cauchy$)中值定理.

如果函数 $f(x)$ 与 $g(x)$ 满足下列两个条件:

① 在闭区间 $[a,b]$ 上连续,

② 在开区间 (a,b) 内可导,且 $g'(x)\neq0,x\in(a,b)$,

则在 (a,b) 内至少存在一点 ξ,使得

$$\frac{f(b)-f(a)}{g(b)-g(a)}=\frac{f'(\xi)}{g'(\xi)}.$$

2. 洛必达法则

如果

(1) $\lim\limits_{x\to x_0}f(x)=0,\lim\limits_{x\to x_0}g(x)=0$;

(2) 函数 $f(x)$ 与 $g(x)$ 在 x_0 某个邻域内(点 x_0 可除外)可导,且 $g'(x)\neq0$;

(3) $\lim\limits_{x\to x_0}\dfrac{f'(x)}{g'(x)}=A$($A$ 为有限数,也可为 ∞,$+\infty$ 或 $-\infty$),则

$$\lim_{x\to x_0}\frac{f(x)}{g(x)}=\lim_{x\to x_0}\frac{f'(x)}{g'(x)}=A.$$

注意 上述定理对于 $x \to \infty$ 时的 $\dfrac{0}{0}$ 型未定式同样适用,对于 $x \to x_0$ 或 $x \to \infty$ 时的 $\dfrac{\infty}{\infty}$ 型未定式也有相应的法则.

3. 函数的单调性定理

设函数 $f(x)$ 在闭区间 $[a,b]$ 上连续,在开区间 (a,b) 内可导,则有

(1) 若在 (a,b) 内 $f'(x) > 0$,则函数 $f(x)$ 在 $[a,b]$ 上单调增加;

(2) 若在 (a,b) 内 $f'(x) < 0$,则函数 $f(x)$ 在 $[a,b]$ 上单调减少.

4. 函数的极值、极值点与驻点

(1) 极值的定义 设函数 $f(x)$ 在点 x_0 的某邻域内有定义,如果对于该邻域内任一点 $x(x \neq x_0)$,都有 $f(x) < f(x_0)$,则称 $f(x_0)$ 是函数 $f(x)$ 的极大值;如果对于该邻域内任一点 $x(x \neq x_0)$,都有 $f(x) > f(x_0)$,则称 $f(x_0)$ 是函数 $f(x)$ 的极小值.

函数的极大值与极小值统称为函数的极值,使函数取得极值的点 x_0 称为函数 $f(x)$ 的极值点.

(2) 驻点 使 $f'(x) = 0$ 的点 x 称为函数 $f(x)$ 的驻点.

(3) 极值的必要条件 设函数 $f(x)$ 在 x_0 处可导,且在点 x_0 处取得极值,那么 $f'(x_0) = 0$.

(4) 极值第一充分条件.

设函数 $f(x)$ 在点 x_0 连续,在点 x_0 的某一去心邻域内的任一点 x 处可导,当 x 在该邻域内由小增大经过 x_0 时,如果

① $f'(x)$ 由正变负,那么 x_0 是 $f(x)$ 的极大值点,$f(x_0)$ 是 $f(x)$ 的极大值;

② $f'(x)$ 由负变正,那么 x_0 是 $f(x)$ 的极小值点,$f(x_0)$ 是 $f(x)$ 的极小值;

③ $f'(x)$ 不改变符号,那么 x_0 不是 $f(x)$ 的极值点.

(5) 极值的第二充分条件.

设函数 $f(x)$ 在点 x_0 处有二阶导数,且 $f'(x_0) = 0$,$f''(x_0) \neq 0$,则 x_0 是函数 $f(x)$ 的极值点,$f(x_0)$ 为函数 $f(x)$ 的极值,且有

① 如果 $f''(x_0) < 0$,则 $f(x)$ 在点 x_0 处取得极大值;

② 如果 $f''(x_0) > 0$,则 $f(x)$ 在点 x_0 处取得极小值.

5. 函数的最大值与最小值

在闭区间上连续函数一定存在着最大值和最小值. 连续函数在闭区间上的最大值和最小值只可能在区间内的驻点、不可导点或闭区间的端点处取得.

6. 函数图形的凹、凸与拐点

(1) 曲线凹凸定义 若在区间 (a,b) 内曲线 $y = f(x)$ 各点的切线都位于该曲

线的下方,则称此曲线在(a,b)内是凹的;若曲线 $y=f(x)$ 各点的切线都位于曲线的上方,则称此曲线在(a,b)内是凸的.

(2) 曲线凸凹性判定定理   设函数在区间(a,b)内具有二阶导数:

① 如果在区间(a,b)内 $f''(x)>0$,则曲线 $y=f(x)$ 在(a,b)内是凹的.

② 如果在区间(a,b)内 $f''(x)<0$,则曲线 $y=f(x)$ 在(a,b)内是凸的.

(3) 拐点. 若连续曲线 $y=f(x)$ 上的点 $P(x_0,y_0)$ 是曲线凹、凸部分的分界点,则称点 P 是曲线 $y=f(x)$ 的拐点.

7. 曲线的渐近线

(1) 水平渐近线   若当 $x\to\infty$(或 $x\to+\infty$ 或 $x\to-\infty$)时,有 $f(x)\to b$(b 为常数),则称曲线 $y=f(x)$ 有水平渐近线 $y=b$.

(2) 垂直渐近线   若当 $x\to a$(或 $x\to a^-$ 或 $x\to a^+$)(a 为常数)时,有 $f(x)\to\infty$,则称曲线 $y=f(x)$ 有垂直渐近线 $x=a$.

8. 函数作图

(1) 确定函数 $f(x)$ 的定义域,并考察函数的奇偶性与周期性;

(2) 求出方程 $f'(x)=0,f''(x)=0$ 在函数定义域内的全部实根,以及 $f'(x)$, $f''(x)$ 不存在的点,记为 $x_i(i=1,2,\cdots,n)$,并将 x_i 由小到大排列,将定义域划分为若干小区间;

(3) 确定在这些区间内 $f'(x)$ 和 $f''(x)$ 的符号,从而确定函数的单调性、凹凸性、极值点、拐点;

(4) 考察曲线的渐近线及其他变化趋势;

(5) 由曲线的方程计算出一些点的坐标,如极值点和极值、拐点,图形与坐标轴的交点的坐标,有时还需取某些辅助点,然后综合上述讨论的结果画出函数 $y=f(x)$ 的图形.

二、本章学习要求

1. 了解罗尔中值定理、拉格朗日中值定理与柯西中值定理及其几何意义.

2. 会用洛必达法则求未定式的极限.

3. 掌握利用一阶导数判断函数的单调性的方法.

4. 理解函数的极值概念,掌握利用导数求函数的极值的方法,会解简单一元函数的最大值与最小值的应用题.

5. 会用二阶导数判断函数图形的凹性及拐点,能描绘简单函数的图形.

复习题四

A 组

一、填空题

1. 若 $f'(x_0)=0$，则称 x_0 为 $f(x)$ 的_____.

2. 如果 $f(x)$ 在 (a,b) 内单调减少，那么 $f'(x)$_____ 0；如果 $f(x)$ 在 (a,b) 内单调增加，那么 $f'(x)$_____ 0.

3. 如果点 x_0 是函数 $f(x)$ 的极值点，且 $f'(x_0)$ 存在，则 $f'(x_0)$_____ 0.

4. 曲线凹凸性的分界点称为_____.

5. 如果 $f(x)$ 在 (a,b) 内是凹的，那么 $f''(x)$_____ 0；如果 $f(x)$ 在 (a,b) 内是凸的，那么 $f''(x)$_____ 0.

二、选择题

1. 函数 $f(x)=x^3+2x$ 在闭区间 $[0,1]$ 上满足拉格朗日定理的 ξ 等于（　　）.

A. $\dfrac{1}{\sqrt{3}}$ B. $\pm\dfrac{1}{\sqrt{3}}$ C. $-\dfrac{1}{\sqrt{3}}$ D. $\sqrt{3}$

2. 如果 $f'(x)=g'(x)$，则（　　）.

A. $f(x)=g(x)+C$ （C 是常数）   B. $f(x)=g(x)$

D. $\mathrm{d}f(x)=g(x)$ D. 以上都不对

3. 函数 $y=x^3+5x$ 在定义域内（　　）.

A. 单调减少   B. 单调增加

C. 即单调增加又单调减少   D. 以上说法都不对

4. 极限 $\lim\limits_{x\to1}\left(\dfrac{x}{1-x}-\dfrac{1}{\ln x}\right)$ 的未定式类型是（　　）.

A. $\dfrac{0}{0}$ 型   B. $\dfrac{\infty}{\infty}$ 型   C. $\infty-\infty$ D. ∞ 型

5. 曲线 $y=\dfrac{4x-1}{(x-2)^2}$ 是（　　）.

A. 只有水平渐近线   B. 只有垂直渐近线

C. 既无水平渐近线又无垂直渐近线   D. 既有水平渐近线又有垂直渐近线

三、是非题

1. 若 $f'(x_0)=0$，则 x_0 为 $f(x)$ 的极值点（　　）.

2. $f(x)$ 的极值点一定是驻点或不可导点,反之则不成立( ).

3. 函数的极大值不一定是函数的最大值( ).

4. 设函数 $y=f(x)$ 在区间 (a,b) 内二阶导数存在,且 $y'<0, y''>0$,则曲线 $y=f(x)$ 在区间 (a,b) 内是单调递减且凹的( ).

5. 函数 $f(x)$ 在 $[a,b]$ 上连续,且 $f(a)=f(b)$,则至少存在一点 $\xi \in (a,b)$,使 $f'(\xi)=0$( ).

四、解答题

1. 求下列函数极限.

(1) $\lim\limits_{x \to 0} \dfrac{e^x - e^{-x}}{x}$;

(2) $\lim\limits_{x \to +\infty} \dfrac{\ln x}{x+2}$.

2. 求下列函数的单调区间.

(1) $y=-\dfrac{1}{2}x^2+x$;

(2) $y=x+\sin x (0 \leqslant x \leqslant 2\pi)$.

3. 求下列函数的极值.

(1) $y=1-(x-2)^{\frac{2}{3}}$;

(2) $y=x^2+2x-1$.

4. 求函数 $y=2x^3-3x^2$ 在 $[-1,4]$ 上的最大值和最小值.

5. 每批生产 x 单位某种产品的费用为

$$C(x)=4x-300,$$

得到的收益为

$$R(x)=200+\frac{x^2}{100}.$$

问每批生产多少单位产品时才能使利润最大,最大利润是多少?

B 组

一、填空题

1. 在 $[1,2]$ 上,函数 $f(x)=x^2-1$ 满足拉格朗日中值定理中的 $\xi=$ _____.

2. $f(x)=x^2+4x+3$ 的单调增区间为_____,单调减区间为_____.

3. 函数 $f(x)$ 的可能极值点有_____和_____.

4. 曲线 $y=3x^3+\dfrac{9}{2}x-1$ 的拐点为_____.

5. 函数 $f(x)=\dfrac{x^3+x+1}{2x^3-2x+5}$ 的水平渐近线为_____.

二、选择题

1. 在 $[-1,1]$ 上满足罗尔中值定理的是( ).

A. $y=\dfrac{\tan x}{x}$　　B. $y=(x+1)^2$　　C. $y=-x$　　D. $y=2x^2+3$

2. 极限 $\lim\limits_{x\to 0}\dfrac{e^x+x-1}{x}=$ ( ).

A. 0　　　　　　B. 1　　　　　　C. 2　　　　　　D. 不存在

3. 函数 $y=f(x)$ 在点 x_0 处取极大值,则必有( ).

A. $f'(x_0)=0$　　　　　　　　B. $f''(x_0)<0$

C. $f'(x_0)=0, f''(x_0)<0$　　　　D. $f'(x_0)=0$ 或 $f'(x_0)$ 不存在

4. $f''(x_0)=0$ 是 $y=f(x)$ 的图形在 x_0 处有拐点的( ).

A. 充分条件　　　　　　　　B. 必要条件

C. 充分必要条件　　　　　　D. 以上说法都不对

5. 曲线 $y=\dfrac{x^2+1}{x-1}$ ( ).

A. 有水平渐近线无垂直渐近线

B. 无水平渐近线有垂直渐近线

C. 既无水平渐近线又无垂直渐近线

D. 既有水平渐近线又有垂直渐近线

三、是非题

1. 若 $f(x)$ 在 $[0,+\infty)$ 上连续,且在 $(0,+\infty)$ 内 $f'(x)<0$,则 $f(0)$ 为 $f(x)$ 在 $[0,+\infty)$ 上的最大值( ).

2. 若函数 $f(x)$ 在开区间 (a,b) 内是单调的,则曲线 $y=f(x)$ 必是凹的或必是凸的( ).

3. 若 $f''(x_0)=0$,则 $(x_0,f(x_0))$ 必为曲线 $y=f(x)$ 的拐点( ).

4. 若 x_0 是可导函数 $f(x)$ 的一个极值点,则必有 $f'(x_0)=0$( ).

5. 只要是 $\dfrac{0}{0}$ 或 $\dfrac{\infty}{\infty}$ 类型的函数极限,都可以利用罗必达法则求解( ).

四、解答题

1. 若点 $(1,4)$ 是曲线 $y=ax^3+bx^2$ 的拐点,求 a,b.

2. 求函数 $y=x-3(x-1)^{\frac{2}{3}}$ 的单调区间.

3. 若函数 $f(x)=ax^2+bx$ 在点 $x=1$ 处取极大值 4,求 a,b.

4. 求函数 $y = \dfrac{x^2}{1+x^2}$ 在区间 $\left[-\dfrac{1}{2}, 1\right]$ 上的最大值和最小值.

5. 某工厂要利用原有的一面墙壁建一面积为 512 平方米的矩形堆料场,问堆料场的长和宽各为多少米时,可以使砌墙所用的材料最少?

阅读材料(四)

罗尔(Rolle, 1652～1719)简介

罗尔是法国数学家.1652年4月21日生于昂贝尔特,1719年11月8日卒于巴黎.

罗尔出生于小店家庭,只受过初等教育,且结婚过早,年轻时贫困潦倒,靠充当公证人与律师抄录员的微薄收入养家糊口,他利用业余时间刻苦自学代数与丢番图的著作,并很有心得.1682年,他解决了数学家奥扎南提出一个数论难题,受到了学术界的好评,从而名身雀起,也使他的生活有了转机,此后担任初等数学教师和陆军部行政官员.1685年进入法国科学院,担任低级职务,到1690年才获得科学院发给的固定薪水.此后他一直在科学院供职,1719年因脑卒中(中风)去世.

罗尔在数学上的成就主要是在代数方面,专长于丢番图方程的研究.罗尔所处的时代正当牛顿、莱布尼兹的微积分诞生不久,由于这一新生事物不存在逻辑上的缺陷,从而遭受多方面的非议,其中也包括罗尔,并且他是反对派中最直言不讳的一员.1700年,在法国科学院发生了一场有关无穷小方法是否真实的论战.在这场论战中,罗尔认为无穷小方法由于缺乏理论基础将导致谬误,并说:"微积分是巧妙的谬论的汇集".瓦里格农、索弗尔等人之间,展开了异常激烈的争论.约翰·贝努利还讽刺罗尔不懂微积分.由于罗尔对此问题表现得异常激动,致使科学院不得不屡次出面干预.直到1706年秋天,罗尔才向瓦里格农、索弗尔等人承认他已经放弃了自己的观点,并且充分认识到无穷小分析新方法价值.

罗尔于1691年在题为《任意次方程的一个解法的证明》的论文中指出了:在多项式方程 $f(x)=0$ 的两个相邻的实根之间,方程 $f(x)=0$ 至少有一个根。100多年后,即1846年,尤斯托·伯拉维提斯将这一定理推广到可微函数,并把此定理命名为罗尔定理.

拉格朗日(Joseph-LouisLagrange, 1736～1813)简介

据拉格朗日本人回忆,幼年家境富裕,可能不会做数学研究,但到青年时代,在数学家 F. A. 雷维里(R-evelli)指导下学几何学后,萌发了他的数学天才.17岁开始专攻当时迅速发展的数学分析.他的学术生涯可分为3个时期:都灵时期(1766年以前)、柏林时期(1766～1786)、巴黎时期(1787～1813).

拉格朗日在数学、力学和天文学3个学科中都有重大历史性的贡献,但他主要是数学家,研究力学和天文学的目的是表明数学分析的威力.全部著作、论文、学术报告记录、学术通讯超过500篇.

拉格朗日的学术生涯主要在18世纪后半期.当时数学、物理学和天文学是自

然科学主体. 数学的主流是由微积分发展起来的数学分析, 以欧洲大陆为中心; 物理学的主流是力学; 天文学的主流是天体力学. 数学分析的发展使力学和天体力学深化, 而力学和天体力学的课题又成为数学分析发展的动力. 当时的自然科学代表人物都在此 3 个学科做出了历史性重大贡献. 下面就拉格朗日的主要贡献介绍如下:

数学分析的开拓者

（1）变分法　这是拉格朗日最早研究的领域, 以欧拉的思路和结果为依据, 但从纯分析方法出发, 得到更完善的结果. 他的第一篇论文《极大和极小的方法研究》是他研究变分法的序幕; 1760 年发表的《关于确定不定积分式的极大极小的一种新方法》是用分析方法建立变分法制代表作. 发表前写信给欧拉, 称此文中的方法为"变分方法"欧拉肯定了, 并在他自己的论文中正式将此方法命名为"变分法". 变分法这个分支才真正建立起来.

（2）微分方程　早在都灵时期, 拉格朗日就对变系数微分方程研究做出了重大成果. 他在降阶过程中提出了以后所称的伴随方程, 并证明了非齐次线性变系数方程的伴随方程, 就是原方程的齐次方程. 在柏林期, 他对常微分方程的奇解和特解做出历史性贡献, 在 1774 年完成的"关于微分方程特解的研究"中系统地研究了奇解和通解的关系, 明确提出由通解及其对积分常数的偏导数消去常数求出奇解的方法; 还指出奇解为原方程积分曲线族的包络线. 当然, 他的奇解理论还不完善, 现代奇解理论的形式是由 G. 达布等人完成的. 除此之外, 他还是一阶偏微分方程理论的建立者.

（3）方程论　拉格朗日在柏林的前十年, 大量时间花在代数方程和超越方程的解法上.

他把前人解三四次代数方程的各种解法, 总结为一套标准方法, 而且还分析出一般三四次方程能用代数方法解出的原因. 拉格朗日的想法已蕴含了置换群的概念, 他的思想为后来的 N. H. 阿贝尔和 E. 伽罗瓦采用并发展, 终于解决了高于四次的一般方程为何不能用代数方法求解的问题. 此外, 他还提出了一种格朗日级数.

（4）数论著　拉格朗日在 1772 年把欧拉 40 多年没有解决的费马另一猜想"一个正整数能表示为最多四个平方数的和"证明出来. 后来还证明了著名的定理: n 是质数的充要条件为 $(n-1)! + 1$ 能被 n 整除.

（5）函数和无穷级数　同 18 世纪的其他数学家一样, 拉格朗日也认为函数可以展开为无穷级数, 而无穷级数同是多项式的推广, 泰勒级数中的拉格朗日余项就是他在这方面的代表作之一.

分析力学的创立者

拉格朗日在这方面的最大贡献是把变分原理和最小作用原理具体化,而且用纯分析方法进行推理,成为拉格朗日方法.

天体力学的奠基者

首先在建立天体运动方程上,他用他在分析力学中的原理,建起各类天体的运动方程. 其中特别是根据他在微分方程解法的任意常数变异法,建立了以天体椭圆轨道根数为基本变量的运动方程,现在仍称作拉格朗日行星运动方程,并在广泛使用. 在天体运动方程解法中,拉格朗日的重大历史性贡献是发现三体问题运动方程的 5 个特解,即拉格朗日平动解.

总之,拉格朗日是 18 世纪的伟大科学家,在数学、力学和天文学 3 个学科中都有历史性的重大贡献. 但主要是数学家,他最突出的贡献是在把数学分析的基础脱离几何与力学方面起了决定性的作用. 使数学的独立性更为清楚,而不仅是其他学科的工具. 同时在使天文学力学化、力学分析上也起了历史性的作用,促使力学和天文学(天体力学)更深入发展. 由于历史的局限,严密性不够妨碍着他取得更多成果.

柯西(Augustin Louis Cauchy,1789～1857)——业绩永存的数学大师

19 世纪初期,微积分已发展成一个庞大的分支,内容丰富,应用非常广泛,与此同时,它的薄弱之处也越来越暴露出来,微积分的理论基础并不严格. 为解决新问题并澄清微积分概念,数学家们展开了数学分析严谨化的工作,在分析基础的奠基工作中,做出卓越贡献的要推伟大的数学家柯西.

柯西 1789 年 8 月 21 日出生于巴黎. 父亲是一位精通古典文学的律师,与当时法国的大数学家拉格朗日、拉普拉斯交往密切. 柯西少年时代的数学才华颇受这两位数学家的赞赏,并预言柯西日后必成大器. 拉格朗日向其父建议"赶快给柯西一种坚实的文学教育",以便他的爱好不致反他引入岐途. 父亲加强了对柯西的文学教养,使他在诗歌方面也表现出很高的才华.

1807～1810 年柯西在工学院学习. 曾当过交通道路工程师. 由于身体欠佳,接受拉格朗日和拉普拉斯的劝告,放弃工程师而致力于纯数学的研究,柯西在数学上的最大贡献是在微积分中引进了极限概念,并以极限为基础建立了逻辑清晰的分析体系. 这是微积分发展史上的精华,也是柯西对科学发展所作的巨大贡献.

1821 年柯西提出极限定义的 ε 方法,把极限过程用不等式来刻划,后经维尔斯特拉斯改进,成为现在所说的柯西极限定义或叫 $\varepsilon-\delta$ 定义. 当今所有微积分的教科书都还(至少是在本质上)沿用着柯西等人关于极限、连续、导数、收敛等概念的定义. 他对微积分的解释被后人普遍采用. 柯西对定积分作了最系统的开创性工作. 他把定积分定义为和的"极限". 在定积分运算之前,强调必须确立积分的存在

性. 他利用中值定理首先严格证明了微积分基本定理. 通过柯西以及后来维尔斯特拉斯的艰苦工作,使数学分析的基本概念得到严格的论述. 从而结束微积分 200 年来思想上的混乱局面,把微积分及其推广从对几何概念、运动和直觉了解的完全依赖中解放出来,并使微积分发展成现代数学最基础最庞大的数学学科.

数学分析严谨化的工作一开始就产生了很大的影响. 在一次学术会议上柯西提出了级数收敛性理论. 会后,拉普拉斯急忙赶回家中,根据柯西的严谨判别法,逐一检查其巨著《天体力学》中所用到的级数是否都收敛.

柯西在其他方面的研究成果也很丰富. 复变函数的微积分理论就是由他创立的. 在代数方面、理论物理、光学、弹性理论方面,也有突出贡献. 柯西的数学成就不仅辉煌,而且数量惊人. 柯西全集有 27 卷,其论著有 800 多篇. 在数学史上是仅次于欧拉的多产数学家. 他的光辉名字与许多定理、准则一起铭记在当今许多教材中.

作为一位学者,他是思路敏捷,功绩卓著. 但他常忽视青年人的创造. 例如,由于柯西"失落"了才华出众的年轻数学家阿贝尔与伽罗华的开创性的论文手稿,造成群论晚问世约半个世纪. 1857 年 5 月 23 日柯西在巴黎病逝. 他临终的一句名言"人总是要死的,但是,他们的业绩永存"长久地叩击着一代又一代学子的心扉.

练习题参考答案

练习 1-1

1. (1) 是；(2) 不是；(3) 不是；(4) 是；(5) 不是；(6) 不是.

2. (1) 不是；(2) 不是；(3) 不是；(4) 是；(5) 是；(6) 不是.

3. $f(0)=2, f(2)=0, f\left(\dfrac{1}{x}\right)=\dfrac{1}{x^2}-\dfrac{3}{x}+2(x\neq 0), f(x+1)=x^2-x$.

4. $f[f(x)]=\dfrac{x}{1-2x}, f\{f[f(x)]\}=\dfrac{x}{1-3x}$.

5. (1) $[-3,3]$；(2) $[-2,-1)\bigcup(-1,1)\bigcup(1,+\infty)$；(3) $(-\infty,+\infty)$；(4) $[-1,3]$；
(5) $(-\infty,+\infty)$；(6) $(-\infty,-1)\bigcup(1,3)$.

练习 1-2

1. (1) 略；(2) 略.

2. (1) 定义域为 $[0,+\infty)$；(2) $f\left(\dfrac{1}{2}\right)=-\dfrac{3}{4}, f(1)=4, f(2)=5$；(3) 略.

练习 1-3

1. (1) -6；(2) 6.   2. (1) 奇函数；(2) 非奇非偶函数；(3) 偶函数；(4) 奇函数.

3. 略.   4. (1) 增函数；(2) 减函数；(3) 减函数；(4) 增函数.   5. 略.   6. (1) $T=\dfrac{2\pi}{5}$；
(2) $T=\pi$；(3) $T=4\pi$.   7. (1) 无界；(2) 有界；(3) 有界.

练习 1-4

1. (1) 反函数为 $y=\dfrac{1}{3}(x-2)$, 反函数的定义域为 $(-\infty,+\infty)$；

(2) 反函数为 $y=x^3-1$, 反函数的定义域为 $(-\infty,+\infty)$；

(3) 反函数为 $y=\dfrac{1-x}{1+x}$, 反函数的定义域为 $(-\infty,-1)\bigcup(-1,+\infty)$.

2. (1) 反函数为 $y=-\sqrt{1-x^2}$, 反函数的定义域为 $[0,1]$；

(2) 反函数为 $y=\sqrt{1-x^2}$, 反函数的定义域为 $[0,1]$.

3. (1) $y=\sin^2 x, D=(-\infty,+\infty)$；(2) $y=\sqrt{1+2\ln x}, D=\left[\dfrac{1}{\sqrt{e}},+\infty\right)$；

(3) $y=\arcsin\sqrt{1+x}, D=[-1,0]$.

4. (1) $y=\cos u, u=\sqrt{x}$；(2) $y=u^{\frac{2}{3}}, u=1+2x$；(3) $y=\log_3 u, u=\sin x$；

(4) $y=\arcsin u, u=\dfrac{x}{2}+\dfrac{1}{3}$；(5) $y=u^2, u=\tan x$；(6) $y=e^u, u=3x-1$.

练习 1-5

1. (1) $[-1,2]$；(2) $[0,2)\bigcup(2,+\infty)$；(3) $[-2,1)$；(4) $[-3,1]$.

2. $V=(a-2x)^2 x$，函数的定义域为 $\left(0,\dfrac{a}{2}\right)$.

3. $y=\sqrt{25-x^2}$，函数的定义域为 $(0,5)$.

4. $y=\begin{cases} 120x, & 100\leqslant x<500, \\ 100x, & 500\leqslant x<1000, \\ 80x, & x\geqslant 1000. \end{cases}$

复习题一

A 组

一、填空题

1. $y=\sqrt{\sin x}$； 2. $y=u^5, u=3x-4$； 3. $f(2)=0, f(a+1)=a^2-a$；

4. 幂函数,指数函数,对数函数,三角函数,反三角函数； 5. 有限次,有限次.

二、选择题

1. D； 2. D； 3. C； 4. B； 5. B.

三、是非题

1. $\sqrt{}$； 2. $\times$； 3. $\sqrt{}$； 4. $\times$； 5. $\times$.

四、解答题：

1. 定义域为 $[-2,1)$.

2. 定义域为 $(-1,3], f(3)=2, f(0)=2, f(-0.5)=\dfrac{1}{\sqrt{2}}$.

3. (1) $y=-2x+1$ 的反函数是 $y=-\dfrac{1}{2}x+\dfrac{1}{2}$；(2) $y=\dfrac{2x+1}{x-2}$ 的反函数是 $y=\dfrac{2x+1}{x-2}$.

4. 证明略.

5. 设罐头筒的全面积为 A,底半径为 r,则其高为 $\dfrac{V}{\pi r^2}$,于是有 $A=2\left(\pi r^2+\dfrac{V}{r}\right)$,定义域为 $r\in(0,+\infty)$.

复习题一

B 组

一、填空题

1. $y=e^{-\frac{1}{x^2}}$； 2. $y=u^2, u=\cos v, v=3x$； 3. $f[f(x)]=\dfrac{x}{1-2x}, f\{f[(fx)]\}=\dfrac{x}{1-3x}$；

4. 分段函数；　5. 表格法,图像法,解析法.

二、选择题

1. C；　2. A；　3. B；　4. D；　5. C.

三、是非题

1. √；　2. ×；　3. √；　4. ×；　5. √.

四、解答题:

1. 定义域为$[-1,1]$.

2. (1) 定义域为$(0,2]$；(2) $f\left(\dfrac{1}{2}\right)=\dfrac{1}{2}$,$f(1)=2$,$f(1.5)=\dfrac{1}{2}$；(3) 图形略.

3. 证明略.

4. 证明略.

5. 设总造价为P,它的底边长为x,四周单位面积造价为a,则水池深为$\dfrac{V}{x^2}$,四周面积为

$4x\times\dfrac{V}{x^2}=\dfrac{4V}{x}$,于是有$P=2a\left(x^2+\dfrac{2V}{x}\right)$,函数的定义域为$(0,+\infty)$.

练习 2-1

1. (1) $a_1=-5$,$a_2=-\dfrac{9}{4}$,$a_3=-\dfrac{13}{7}$,$a_4=-\dfrac{17}{10}$,$a_5=-\dfrac{21}{13}$；

　(2) $a_1=2$,$a_2=0$,$a_3=\dfrac{2}{27}$,$a_4=0$,$a_5=\dfrac{2}{125}$；

　(3) $a_1=\left(1+\dfrac{1}{2}\right)^1$,$a_2=\left(1+\dfrac{2}{3}\right)^2$,$a_3=\left(1+\dfrac{3}{4}\right)^3$,$a_4=\left(1+\dfrac{4}{5}\right)^4$,$a_5=\left(1+\dfrac{5}{6}\right)^5$；

　(4) $a_1=-\dfrac{1}{2}$,$a_2=\dfrac{2}{3}$,$a_3=-\dfrac{3}{4}$,$a_4=\dfrac{4}{5}$,$a_5=-\dfrac{5}{6}$.

2. (1) 存在,$\lim\limits_{n\to\infty}a_n=1$；(2) 不存在；(3) 存在,$\lim\limits_{n\to\infty}a_n=\dfrac{1}{2}$；(4) 不存在.

练习 2-2

1. (1) 0；(2) 0；(3) 0.

2. 根据极限定义,函数$f(x)$不能无限趋近于一个确定的常数A,不存在极限.

3. 0；0.

4. (1) $\dfrac{1}{6}$；(2) -3；(3) $\dfrac{\sqrt{2}}{2}$；(4) 1；(5) $2\sqrt{2}$；(6) 1.

5. (1) $-\dfrac{1}{2}$,$\dfrac{1}{2}$,不存在；(2) 2,2,存在；(3) 3,3,存在；(4) 不存在.

6. (1) -3,3,不存在；(2) 6,6,存在.

练习 2-3

1. (1) 无穷小；(2) 无穷小；(3) 无穷大；(4) 无穷大.

2. (1) 0；(2) 0；(3) ∞；(4) ∞.

练习 2-4

(1) 64；(2) $\dfrac{1}{2}$；(3) $\dfrac{3\sqrt{3}}{4}$；(4) $\dfrac{2}{\pi}$；(5) 3；(6) $-\dfrac{1}{14}$；(7) 3；(8) 3；(9) 66；(10) $\dfrac{3}{7}$；

(11) 3；(12) $-\dfrac{1}{2}$；(13) $\dfrac{1}{5}$.

练习 2-5

1. (1) 1；(2) 5；(3) $\dfrac{m}{n}$；(4) 3.

2. (1) e^5；(2) e^2；(3) $\dfrac{1}{e^4}$；(4) $\dfrac{1}{e^3}$.

练习 2-6

1. 0.21；-0.36.

2. 略.

3. 不连续.

4. (1) $x=-2$ 为其第一类间断点,可去间断点；(2) $x=0$ 为其第一类间断点,跳跃间断点.

5. (1) 连续；(2) 连续；(3) 连续；(4) 连续.

6. 略.

复习题二
A 组

一、填空题

1. $\dfrac{3}{4}$；　2. $x+\Delta x-1$；　3. 2；　4. 4；　5. 是.

二、选择题

1. C；　2. C；　3. C；　4. D；　5. B.

三、是非题

1. $\checkmark$；　2. $\times$；　3. $\checkmark$；　4. $\times$；　5. $\checkmark$.

四、解答题

1. 0；　2. $\dfrac{1}{3}$；　3. e^4；　4. $\dfrac{2}{3}$；　5. 连续.

复习题二
B 组

一、填空题

1. 0;　2. $\dfrac{4}{5}$;　3. 0;　4. 0;　5. 0.

二、选择题

1. B;　2. C;　3. D;　4. A;　5. D.

三、是非题

1. √;　2. ×;　3. ×;　4. √;　5. √.

四、解答题

1. $\dfrac{1}{2}$;　2. e^2;　3. 6;　4. 2;　5. 略.

练习 3-1

1. $y'|_{x=1}=-4$.　2. (1) $y'=-4x$; (2) $y'=-\dfrac{2}{x^3}$; (3) $y'=\dfrac{2}{3\sqrt[3]{x}}$.　3. $v|_{t=3}=27$.

4. $l_{切}:2x-3y+1=0, l_{法}:3x+2y-5=0$.　5. 不可导.

练习 3-2

(1) $y'=6x-1$; (2) $y'=\dfrac{1}{\sqrt{x}}+\dfrac{1}{x^2}$; (3) $y'=-\dfrac{1+5x^3}{2x\sqrt{x}}$; (4) $y'=6x^2-2x$; (5) $y'=\ln x+1$;

(6) $y'=\dfrac{1-\cos x-x\sin x}{(1-\cos x)^2}$.

练习 3-3

(1) $y'=10x\,(1+x^2)^4$; (2) $y'=(3x+5)^2\,(5x+4)^4\,(120x+161)$; (3) $y'=$

$\dfrac{1}{2x}\left(1+\dfrac{1}{\sqrt{\ln x}}\right)$; (4) $y'=3x^2\cos x^3$; (5) $y'=3\cos 3x$; (6) $y'=3\sin^2 x\cos x$; (7) $y'=\dfrac{1}{x\ln x}$.

练习 3-4

1. (1) $y'=\dfrac{y-2x}{2y-x}$; (2) $y'=\dfrac{y}{y-1}$; (3) $y=\dfrac{e^y}{1-xe^y}$.

2. (1) $y'=x\sqrt{\dfrac{1-x}{1+x}}\left(\dfrac{1}{x}-\dfrac{1}{1-x^2}\right)$; (2) $y'=\left(\cos x\cdot\ln\tan x+\dfrac{1}{\cos x}\right)(\tan x)^{\sin x}$.

3. $l_{切}:2x-5y+3=0, l_{法}:5x+2y-7=0$.

练习 3-5

1. (1) $y''=-\cos x$; (2) $y''=-\dfrac{2(1+x^2)}{(1-x^2)^2}$; (3) $y''=2x(3+2x^2)e^{x^2}$.

2. $y''|_{x=0}=2e^2$.　3. $v=s'=-ake^{-kt}, a=s''=ak^2e^{-kt}$.

练习 3-6

1. $\Delta y=-0.0099, dy=-0.01$.　2. (1) $dy=\dfrac{3}{x}dx$; (2) $dy=\dfrac{1+x^2}{(1-x^2)^2}dx$; (3) $dy=$

$-\mathrm{e}^{-x}(\cos 2x+2\sin 2x)\mathrm{d}x.$　3. $\mathrm{d}V=30(\mathrm{m}^3)$；　4. (1) 2.0017；(2) 0.495；(3) 1.05.

复习题三

A 组

一、填空题

1. $\lim\limits_{\Delta x\to 0}\dfrac{f(10+\Delta x)-f(10)}{\Delta x}$.

2. 平均变化率.

3. 二阶导数，$f''(x)$.

4. 斜率，$y-f(x_0)=f'(x_0)(x-x_0)$.

5. $-\dfrac{1}{\omega}\cos\omega x$，$\arctan x$，$\dfrac{1}{2}$.

二、判断题

1. $\checkmark$；　2. $\checkmark$；　3. $\times$；　4. $\checkmark$；　5. $\times$.

三、选择题

1. B；　2. C；　3. B；　4. C；　5. D.

四、解答题

1. $l_{切}:y=-2x+1,\ l_{法}:y=\dfrac{1}{2}x+1$；

2. $y'=\dfrac{3}{2}\left(\sqrt{x}-\dfrac{1}{\sqrt{x^3}}\right)$；

3. $y'\big|_{\substack{x=2\\y=1}}=\dfrac{4}{7}$；

4. $\mathrm{d}y=\dfrac{\cot\sqrt{x}}{2\sqrt{x}}\mathrm{d}x$；

5. $-\dfrac{\sqrt{3}}{2}-\dfrac{\pi}{360}$.

复习题三

B 组

一、填空题

1. $\lim\limits_{\Delta x\to 0}\dfrac{f(x_0+\Delta x)-f(x_0)}{\Delta x}$，$f'(x_0)\mathrm{d}x$，线性主部，高阶.

2. $y-f(x_0)=-\dfrac{1}{f'(x_0)}(x-x_0)$.

3. $y'=\dfrac{1}{6\sqrt[6]{x^5}}$.

4. $\ln(1+x)$，$-\sin x$.

5. 绝对值，$\mathrm{d}y$.

二、判断题

1. ×； 2. ×； 3. ×； 4. ×； 5. √.

三、选择题

1. D； 2. B； 3. A； 4. C； 5. A.

四、解答题

1. $(5,39)$.

2. 不可导.

3. $l_切:11x+3y+11=0,l_法:3x-11y+3=0$.

4. $f'(e)=\dfrac{\sqrt{2}}{2e}$.

5. $dy=-\dfrac{1+e^{x+y}}{2y+e^{x+y}}dx$.

练习 4-1

1. (1) 满足 $\xi=\dfrac{\sqrt{3}}{3}$；(2) 不满足；(3) 不满足；(4) 不满足.

2. $\xi=\dfrac{\pi}{2}$.

3. 2 个实根,分别位于 $(1,2)$ 和 $(2,3)$ 开区间.

4. $\xi=1$.

5. (1) 不满足；(2) 满足；(3) 不满足；(4) 不满足.

6. $\xi=1$.

练习 4-2

1. (1) 4；(2) $\dfrac{2}{3}$；(3) -1；(4) -1；(5) 5；(6) $\dfrac{n}{m}a^{n-m}$；(7) 1；(8) -1；(9) 0； (10) $\dfrac{2}{3}$；(11) $+\infty$；(12) 2；(13) $\dfrac{1}{2}$；(14) 0；(15) 1.

2. $\lim\limits_{x\to+\infty}\left(1+\dfrac{1}{x}\sin x\right)=1$.　3. $a=-1,b=1$.

练习 4-3

1. (1) 增区间 $(-\infty,-1),(3,+\infty)$；减区间为 $(-1,3)$；(2) 增区间 $(-\infty,-1),(5,+\infty)$；减区间为 $(-1,5)$；(3) 增区间 $(0,+\infty)$；减区间为 $(-\infty,0)$；(4) 增区间 $\left(\dfrac{1}{e},+\infty\right)$；减区间为 $\left(0,\dfrac{1}{e}\right)$；(5) 增区间 $(0,2)$；减区间为 $(-\infty,0),(2,+\infty)$；(6) 增区间 $(-\infty,-1),(3,+\infty)$；减区间为 $(-1,3)$；(7) 增区间 $\left(\dfrac{3}{2},+\infty\right)$；减区间为 $\left(-\infty,\dfrac{3}{2}\right)$；(8) 增区间 $(-\infty,4)$；减区间为 $(4,6)$.

2. $(-\infty, 0)$.

3. $(-\infty, -1), (1, +\infty)$.

4. 证明略.

练习 4-4

1. B； 2. C； 3. D.

4. (1) 极大值 $y(1) = y(-1) = 1$，极小值 $y(0) = 0$；(2) 极大值 $f\left(-\dfrac{1}{3}\right) = \dfrac{14}{27}$，极小值 $f(3) = -18$；(3) 极大值 $f(-1) = 10$，极小值 $f(3) = -22$；(4) 极大值 $f(2) = 4e^{-2}$，极小值 $f(0) = 0$；(5) 极大值 $y(0) = -1$；(6) 极大值 $f(-1) = 2$；(7) 极大值 $y(0) = 7$，极小值 $y(2) = 3$；(8) 极大值 $f\left(\dfrac{7}{3}\right) = \dfrac{4}{27}$，极小值 $f(3) = 0$；(9) 极小值 $y(0) = 0$.

5. $a = -2, b = 4$.

练习 4-5

1. (1) 最大值 $y(2) = y(-2) = 13$，最小值 $y(1) = y(-1) = 4$；(2) 最大值 $y(-1) = 13$，最小值 $y(1) = 5$；(3) 最大值 $y(4) = 80$，最小值 $y(-1) = -5$；(4) 最大值 $y(1) = \dfrac{1}{2}$，最小值 $y(0) = 0$；(5) 最大值 $y\left(\dfrac{\pi}{4}\right) = \sqrt{2}$，最小值 $y\left(\dfrac{5\pi}{4}\right) = -\sqrt{2}$；(6) 最大值 $y(2) = \ln 5$，最小值 $y(0) = 0$；(7) 最大值 $y\left(\dfrac{3}{4}\right) = \dfrac{5}{4}$，最小值 $y(-5) = -5 + \sqrt{6}$；(8) 最大值 $y(4) = 142$，最小值 $y(1) = 3$.

2. 530 元.

3. $r = \sqrt[3]{\dfrac{V}{2\pi}}, h = \dfrac{V}{\pi\left(\dfrac{V}{2\pi}\right)^{\frac{2}{3}}}$.

4. $r = \sqrt[3]{150}, h = \dfrac{300}{\pi(150)^{\frac{2}{3}}}$.

5. $x = 400$.

练习 4-6

1. (1) 凹；(2) $[0, \pi]$ 凸，$[\pi, 2\pi]$ 凹，拐点 $(\pi, 0)$；(3) $(0, +\infty)$ 凸，$(-\infty, 0)$ 凹，拐点 $(0, 0)$；(4) $(0, +\infty)$ 凹，$(-\infty, 0)$ 凸，拐点 $(0, 1)$；(5) $\left(\dfrac{5}{3}, +\infty\right)$ 凹，$\left(-\infty, \dfrac{5}{3}\right)$ 凸，拐点 $\left(\dfrac{5}{3}, \dfrac{20}{27}\right)$；(6) 凹；(7) 凹区间 $(-\infty, 0)$，$\left(\dfrac{2}{3}, +\infty\right)$，凸区间 $\left(0, \dfrac{2}{3}\right)$，拐点 $(0, 1)$ $\left(\dfrac{2}{3}, \dfrac{11}{27}\right)$；(8) 凸；(9) $(2, +\infty)$ 凸，$(-\infty, 2)$ 凹，拐点 $(2, 0)$.

2. 无拐点.

3. $a = -1, b = 3$.

练习 4-7

1. (1) $y=0$；(2) $y=-2$；(3) $y=0,y=\pi$；(4) $y=0$.

2. (1) $x=0$；(2) $x=0,x=1$.

3. 水平渐进线 $y=1$ 垂直渐进线 $x=2,x=-1$.

4. 略.

复习题四
A 组

一、填空题

1. 驻点.　2. $<,>$.　3. $=$.　4. 拐点.　5. $>,<$.

二、选择题

1. A.　2. A.　3. B.　4. C.　5. D.

三、是非题

1. ×.　2. √.　3. √.　4. √.　5. ×.

四、解答题

1. (1) 2；(2) 0.

2. (1) 增区间 $(-\infty,1)$，减区间 $(1,+\infty)$；(2) 增.

3. (1) $f(2)=1$ 极大值；(2) $f(-1)=-2$ 极小值.

4. 最大值 $y(4)=80$，最小值 $y(-1)=-5$.

5. 200 个单位，利润 100 元.

复习题四
B 组

一、填空题

1. $\dfrac{3}{2}$.　2. $(-2,+\infty)$，$(-\infty,-2)$.　3. 驻点，不可导点.　4. $(0,-1)$.　5. $y=\dfrac{1}{2}$.

二、选择题

1. D.　2. C.　3. D.　4. D.　5. B.

三、是非题

1. √.　2. ×.　3. ×.　4. √.　5. ×.

四、解答题

1. $a=-2,b=6$.

2. 增区间 $(-\infty,1)$，$(9,+\infty)$，减区间 $(1,9)$.

3. $a=-4,b=8$.

4. 最大值 $y(1)=\dfrac{1}{2}$，最小值 $y(0)=0$.

5. 当长为 32m，宽为 16m 时，用料最省.